Physische und chemische Beschaffenheit

der

Baumaterialien

deren

Wahl, Verhalten und zweckmässige Anwendung.

Ein Handbuch

für den öffentlichen Unterricht

in der

KÖNIGLICHEN BAU-AKADEMIE

zu

BERLIN

und zum Selbststudium

für Baumeister, Technologen, Kameralisten und Oekonomen.

In zwei Bänden.

Von

Friedrich Accum

königl. Preuss. Professor der technischen Chemie und Mineralogie des königl. Gewerbe-Instituts, und Prof. der Physik, Chemie und Mineralogie in der königl. Bau-Akademie zu Berlin, auch ordentlichen öffentlichem Lehrer der Chemie; Correspondenten der königl. Akademie der Wissenschaften, wie auch der naturforschenden Gesellschaft; der königl. irländischen Akademie der Wissenschaften, Künste und Manufakturen zu Dublin, der königl. Linné'schen Gesellschaft zu London, und mehrerer Akademien und gelehrten Societäten des In- und Auslandes Mitgliede.

ERSTER BAND.

Berlin

bei G. Reimer.

MDCCCXXVI.

Vorbericht.

BERLIN, 1826.

Der Zweck, welchen ich bei Abfassung dieses Werks zu erreichen bemüht war, ist zweifach.

Eines Theils wünschte ich den auf hiesiger königlichen Bau-Akademie sich ausbildenden angehenden Baumeistern, eine bündige Darstellung derjenigen Gegenstände des Unterrichts in die Hände zu geben, worüber ich im Lehrvortrage zu sprechen habe, damit sie sich gehörig vorbereiten, und das Vorgetragene ins Gedächtniss zurück rufen können, wenn der

Lehrkurs beendigt ist. Andern Theils wollte ich ein Handbuch liefern, das auch ausserhalb der königlichen Bau-Akademie denen von Nutzen seyn könnte, die durch Selbstunterricht sich die Kenntniss der physischen und chemischen Eigenschaften der Baustoffe, und die der Wahl, des Verhaltens, und der zweckmässigen Anwendung derselben eigen zu machen wünschen.

Der letzterwähnten Absicht gemäss, hielt ich es für nöthig, die Gesammtheit der Thatsachen ausführlicher auseinander zu setzen, als in einem Leitfaden, der für den akademischen Unterricht allein bestimmt ist, hätte geschehen können.

FRIEDRICH ACCUM.

Inhalt

des ersten Bandes.

ZWEITER THEIL.

Bauholz.

Nadelhölzer.

Laubhölzer.

Faschinen.

Schilfrohr. — Wassermoos. Waldmoos. — Stroh. Taue.

DRITTER THEIL.

Bausteine.

Seite

Physische und chemische Beschaffenheit

der

Baumaterialien,

deren

Wahl, Verhalten, und zweckmässige Anwendung.

ERSTER BAND.

Vorerinnerung.

Wesentliche Frfordernisse eines Gebäudes in physischer Hinsicht.

Die Haupterfordernisse eines jeden Gebäudes in physischer Hinsicht, sind Festigkeit und Dauer; ohne diese sind Bequemlichkeit und Schönheit nichts bedeutende Dinge.

Die Kunst, fest und dauerhaft zu bauen, beruht auf zwei wesentlichen Bedingungen.

Erstens auf der Anwendung guter Baumaterialien, und

Zweitens auf der möglichst vollkommenen kunstmässigen Verknüpfung der einzelnen Theile des Gebäudes.

Die strengste Befolgung aller Regeln der Construction reichen für die Sicherstellung eines Gebäudes nicht aus, wenn der Baumeister bei Aufführung desselben solche Materialien wählt, welche der Zerstörung nicht hinlänglich trotzen, oder für die beabsichtigten Zwecke nicht tauglich sind. Er muss das Gute vom Schlechten, das Dauerhafte vom Unhaltbaren, das Zweckmässige vom Zweckwidrigen zu unterscheiden wissen. Nichts ist kostbarer, als das Bauen, und wenn es schlecht verrichtet wird, kann der dadurch verursachte Schade nicht so leicht wieder ersetzt werden. Wehe dem Baumeister, der mit schlechten Materialien bauet!

Man sorge für festes, gesundes und trockenes Bauholz, für gut gebrannte Mauersteine, guten Mörtel, und eine möglichst trockene Baustelle; je vollständiger die Feuchtigkeit der Steine, des

Mörtels und Bauholzes austrocknen kann, desto fester wird das Gebäude. Die Jahreszeit, in welcher man bauet, ist ebenfalls nicht gleichgültig; denn im Frühlinge und im Sommer trocknet das Mauerwerk schneller und besser aus, als im Herbste und Winter.

Es kann sehr nachtheilige Folgen haben, wenn ein Gebäude spät im Herbste aufgeführt wird, und noch nachtheiliger ist es, wenn die Steine, womit gemauert wird, nass sind. Wird solches Mauerwerk vom Froste überrascht, so erleidet der Mörtel während des Gefrierens eine Ausdehnung, zerbröckelt beim Wiederaufthauen, und der Verband der Steine wird dadurch vernichtet.

Diese Wirkung äussert der Frost ebenfalls auf Mauerwerk, das schon mehrere Wochen vor Eintritt des Frostes aufgeführt wurde, weil in so kurzer Zeit der Mörtel nicht austrocknen konnte, und dieses in unserem Klima nicht zu vermeidende Ereigniss muss als eine vorzügliche Ursache betrachtet werden, durch welche unser vermauerter Mörtel, den der Frost noch mit Wasser beladen überrascht, einen Abbruch an Festigkeit erleidet, der mit seinem jedesmaligen Wassergehalt im Verhältnisse stehen wird.

Eine zu schnelle Austrocknung, in Hinsicht des Mörtels, ist aber ebenfalls nachtheilig. Man überzeugt sich davon leicht, wenn man sieht, wie mürbe und bröcklig der Mörtel solcher Gebäude ist, welche in heissen Sommern aufgeführt sind, vorzüglich wenn die Mauersteine vorher nicht gehörig angenässt wurden.

Bei bedeutenden Bauarbeiten ist es zweckmässig, im ersten Jahre das Fundament zu legen, damit sich das Gemäuer gehörig setzen könne: im zweiten Jahre die rohen Arbeiten zu vollenden, damit das Mauerwerk gehörig austrocknen könne, und im dritten Jahre den innern Ausbau zu unternehmen.

Fernere Bemerkungen über diesen Gegenstand bei'm Vortrage.

Ursache der Dauer und Festigkeit alter Gebäude, im Vergleich mit neueren.

Es ist vielleicht nicht überflüssig, bei dieser Gelegenheit an das zu erinnern, was bereits Ziegler * über diesen Gegenstand, mit so vieler Sachkenntniss gesagt hat.

Die bewundernswürdige Festigkeit alter römischer und gothischer Gebäude hängt keinesweges von einer uns jetzt unbekannten Zubereitung des Mörtels ab, deren sich die Alten bedienten, wie mehrere behaupten, sondern bloss von der Anwendung tüchtiger Baumaterialien, und einer zweckmässigen Verbindung derselben, während die Einwirkung der Zeit in Hinsicht der ausserordentlichen Härte des Mörtels das Uebrige that.

Die Ursache, weshalb die Gebäude aus dem grauesten Alterthume sich jetzt noch in einem so guten Zustande befinden, besteht darin, dass die schlechten verfallen, und nur die guten auf

* Ueber die Ursachen der Festigkeit des alten gothischen und römischen Mauerwerks. Berlin 1777.

uns gekommen sind. Diese Ueberbleibsel zeigen allerdings, dass unsere Vorfahren in der Wahl der Baumaterialien vorsichtig waren, dass sie den Mörtel nur als Hülfsmittel, und nicht als Hauptsache des Gemäuers ansahen; dass sie sich nur solcher Steine bedienten, deren Dauer durch Versuche und Erfahrung erprobt war, mochten sie auch noch so entfernt von dem Bauplatze vorkommen, die dienstbaren Fuhrleute mussten sie herbei frohnen. Bei einem Ueberflusse von Holz brannten sie ihren Kalk immer an der Baustelle. Sie übereilten nichts, sondern schafften alle Baumaterialien zeitig herbei, und die Bereitung des Mörtels wurde nur den handfestesten Arbeitern anvertrauet.

Aus den von John * mit Mauerwerk, das zu Agrippina's und Julius Cäsar's Zeiten aufgeführt wurde, angestellten Versuchen geht hervor: dass die Festigkeit und Dauer desselben der Güte und zweckmässigen Behandlung der dazu verwandten Materialien zuzuschreiben sey.

In diesen Ueberresten älterer Baukunst finden wir die grösseren Bruchsteine, so wohl gegen

* Ueber Kalk und Mörtel. S. 16.

die äussere, als gegen die innere Seiten der Mauer, genau auf einander gepasst, und nur wenigen Mörtel dazwischen, die Fugen zweier zusammengeschobenen Steine sind mit einem in der Mitte darauf liegenden Stein bedeckt, die Zwischenräume mit kleineren Bruchstücken genau verzwickt, und das Ganze um und um mit Mörtel vergossen, so dass nicht eine Höhlung angetroffen wird.

Aber nicht alle Gebäude wurden so sorgfältig aufgeführt. Es gab schon zu Plinius * Zeiten eben so sorglose Arbeiter, als es jetzt giebt. Er berichtet: dass die städtischen Bürgerhäuser einfielen, wegen Anwendung eines schlechten Mörtels.

Auch bewundert man vielleicht zu oft die Festigkeit der alten Gebäude, ohne zugleich Rücksicht zu nehmen, auf die Form des Mauerwerks. Vicat ** bemerkt, dass oft die Steine den Mörtel gehalten haben, vorzüglich wenn die äusseren Flächen des Mauerwerks mit Quadersteinen bekleidet waren, wie z. B. im Am-

* Plinii Historia natur. Lib. XXXVI.

** Recherches expérimentales sur les Chaux, p. 17.

phitheater zu Nismes, an der Brücke über dem Gard. Derselbe Baumeister * hat die Beschaffenheit, Mischung und verhältnissmässige Festigkeit verschiedener römischer Mörtel aus dem südlichen Theile von Frankreich mit vorzüglicher Aufmerksamkeit untersucht. Er fand mehrere Werke der Baukunst, deren Gemäuer aus Mörtel bestand, welcher sehr unvollkommen durchgearbeitet war, und in dem man eine Menge Kalkklumpeu deutlich unterscheiden konnte; diess war der Fall mit Mörtel aus dicken Mauern vom Amphitheater, von den Thermen, und dem Thurme, aus dem alten Vesuna, vom Tempel der Diana aus Nismes, und auch aus der Wasserleitung des Gard-Flusses. Der Sandzusatz bestand aus Quarzkies von der Grösse einer Erbse bis zu der einer Haselnuss. Andere Mörtel aus antiken Wasserleitungen, Futtermauern, und Steinpflastern, enthielten Ziegelstücke von der Grösse einer Haselnuss bis zu der einer Wallnuss, und in dem Mörtel aus dem Pflaster der Gallerie des Amphitheaters zu Nismes

* Vicat über den Kalk und Mörtel, 1825. S. 54.

fand er Kohlenstücke von der Grösse einer Erbse.

Dieses beweist einleuchtend, dass die Alten in Hinsicht der Mörtelbereitung nicht immer mit der nöthigen Vorsicht zu Werke gingen. Auch besassen unsere Vorfahren keine Mittel, wodurch sie die bewundernswürdige Festigkeit ihres Mauerwerks hervorbrachten, welche nicht auch uns zu Gebote stehen. Die chemische Analyse findet in ihren Mörtelarten keine anderen Bestandtheile, als diejenigen, welcher wir uns noch heut zu Tage für die Zubereitung des Mörtels bedienen; wir haben dieselben Materialien, die sie hatten, und können eben so fest bauen, als die Römer und Griechen; und wir haben daher Ursache, zu glauben, dass diejenigen unserer Werke der Baukunst, welche sorgfältig und mit tüchtigen Verbindungsmitteln und guten Baumaterialien aufgeführt wurden, eben so der Zeit widerstehen werden, als die der Völker des Alterthums; und dass vielen unserer Werke, die von untauglichen Stoffen aufgeführt wurden, dasselbe Schicksal begegnen wird, welches viele Gebäude des Alterthumes traf, die aus Mangel an Festigkeit sicht nicht bis auf unsere Zeiten erhalten haben.

Vielleicht beneiden unsere spätesten Nachkommen uns dereinst die Kunst, fest zu bauen, so wie wir unsere Vorfahren deswegen beneiden; und vielleicht werden sie die Ueberbleibsel unserer Gebäude als Muster der Dauer und Festigkeit studiren, wenn die Ueberbleibsel der Baukunst aus den Zeiten unserer Vorfahren, die wir als Muster aufstellen, nicht mehr da sind, denn für die Ewigkeit sind keine Werke der Kunst.

Erster Theil.

Baugrund.

Einfluss der physischen Beschaffenheit des Baugrundes auf die Dauer und Festigkeit der Gebäude.

Ehe der Baumeister den Bau eines Gebäudes unternimmt, muss das Erdreich, worauf er bauen will, untersucht werden, um nach der physischen Beschaffenheit desselben den Grundbau einrichten zu können. Die Ausmittelung der hinreichenden Festigkeit des Baugrundes ist eine der wichtigsten, aber auch eine der misslichsten Vorrichtungen des Baumeisters.

Es ist eine unerlässliche Bedingung, dass jedes Gebäude auf einem festen, trockenen Boden errichtet werde, und dass auch das, das Gebäude umgebende Erdreich unwandelbar sey; der Grund muss gegen den Druck des darauf zu errichtenden Gebäudes einen beträchtlichen Ueberschuss von Widerstand leisten können; weicht die Grundfläche auch nur an einer Stelle, so sind die daraus sich ergebenden Nachtheile einleuchtend: das Gebäude senkt und schiebt sich, das Mauerwerk bekommt Risse, das Ganze wird baufällig und stürzt am Ende wohl gar über den Haufen.

Der sichere Stand eines Gebäudes in Hinsicht des Bodens hängt keinesweges ab von der verhältnissmässigen Tiefe des ausgegrabenen Grundes zu der Höhe des darauf zu errichtenden Gebäudes, sondern von der Unveränderlichkeit des Bodens selbst. Ist der Baugrund von Natur durchaus weich, so dass derselbe nicht durch eine Belastung zusammen gedrückt werden kann, sondern seitwärts ausweicht, so muss ihm durch Kunst Festigkeit gegeben werden.

Der Lehrkursus über allgemeine Baulehren und Construction der einzelnen Theile eines Gebäudes handelt von diesem Gegenstande.

Das praktische Verfahren, die physische Beschaffenheit des Baugrundes kennen zu lernen, bestehet darin: dass man eine Stelle desselben ausgräbt, bis man auf den natürlichen, oder sogenannten gewachsenen Boden kommt, und alsdann die Mächtigkeit der Erdlager, vermittelst des Visireisens und Erdbohrers, ferner untersucht.

Man thut wohl, ehe man zu bohren anfängt, sich einige Kenntniss von der geologischen Beschaffenheit des Terrains zu verschaffen; gewöhnlich kennen die Brunnengräber die Beschaffenheit des Erdreiches sehr gut, wenn sie Gelegenheit gehabt haben, in der Nachbarschaft der Baustelle, Brunnen anzulegen.

Die Untersuchung des Baugrundes muss aber nicht an einer einzigen Stelle, sondern an mehreren Stellen des Bauplatzes, geschehen. Eine der besten Verfahrungsarten, um eine Kenntniss von der Beschaffenheit des Bodens zu erhalten, besteht darin, dass man einen Schacht von 8 bis 10 Fuss Tiefe auf der Baustelle gräbt, alsdann Probepfähle einschlagen lässt, oder die Beschaffenheit der tiefer liegenden Erdschichten vermittelst der Visirstange ferner untersucht.

Befinden sich in der Nachbarschaft, wo man bauen will, bereits Gebäude, welche einen festen Grund haben, so glaubt man gemeiniglich berechtigt zu seyn, auf einer angrenzenden Baustelle ebenfalls einen festen Boden erwarten zu dürfen. Diese Vermuthung ist keinesweges überall gegründet. Von dieser Wahrheit haben wir hier in Berlin täglich Beweise. Ist der angrenzende Boden nachgebend, so kann die Grundfläche der festesten Baustelle seitwärts ausweichen, und zum Verfall des Gebäudes Anlass geben. Es ist vorzüglich nöthig, diejenigen Stellen des Baugrundes genauer zu untersuchen, auf welche die Ecken des Gebäudes zu stehen kommen, weil diese weit mehr als die Fassaden und Giebelseiten zu tragen haben.

Mauersalze, welche bei uns an aus massivem Mauerwerk bestehenden Gebäuden, und an Fachwerkwänden, sich erzeugen.

Auch ist es durchaus nothwendig, dass jedes Gebäude trocken gestellt werde; durch Vernachlässigung dieser Bedingung wird das Gebäude in einen baufälligen Zustand versetzt; auch kann dadurch die Entstehung des verwüstenden Hausschwammes veranlasst werden.

In der Nachbarschaft von Kloaken, Viehställen, Abzugskanälen, Miststätten, und überhaupt an allen Orten, wo organische, vorzüglich wo thierische Substanzen im Zustande der Verwesung sich befinden, darf ohne besondere zuvor getroffene Vorrichtungen von Seiten des Baumeisters kein Gebäude errichtet werden. Die in den thierischen Auswurfsstoffen oder in anderen organischen Körpern vorhandenen Bestandtheile veranlassen, in einem bedeutenden Umfange des Gebäudes, oft eine lange Reihe von Jahren hindurch, die Erzeugung verschiedenartiger Salze, welche oft das festeste Mauerwerk zerfressen und Anlass zu feuchten Wohnungen geben.

Der in hiesiger Hauptstadt, an den Grundmauern vieler Gebäude, auswitternde Salzbeschlag verdankt seine Entstehung sehr oft solchen Oertlichkeiten. Man findet, dass dieses Uebel vorzüglich da vorhanden ist, wo Rinnsteine nahe an den Grundmauern der Gebäude sich befinden, und dieses ist eine dringende Ursache, selbige, wie es auch jetzt geschieht, bei neuen Pflasteranlagen, weiter ab vom Gebäude zu verlegen.

Der gemeiniglich in hiesigen Gegenden an Gebäuden vorkommende Mauerfrass ist Kalksalpeter.

Zur Erzeugung desselben ist nichts weiter erforderlich, als stickstoffhaltige organische, also vorzüglich thierische Stoffe, und Kalkerde. Der durch den Prozess der Fäulniss aus seiner Verbindung tretende Stickstoff verbindet sich, unter Mitwirkung des Ammoniums, das sich als Produkt der Verwesung entwickelt, mit dem Sauerstoffe der Luft, und so entstehet Salpetersäure, die alsdann sogleich sich mit der Kalkerde des Mörtels verbindet, und Kalksalpeter erzeugt.

In dieser Hauptstadt wittert dieses Mauersalz vorzüglich an solchen Gebäuden aus, deren Grundmauern durch die allmähliche Erhöhung des Steinpflasters beträchtlich tief verschüttet worden sind.

Zuweilen enthält der Mauersalpeter eine beträchtliche Menge wahren Salpeter, oder salpetersaures Kali; dieses findet jedoch bei uns nur an den Wänden der Viehställe, an den Hintergebäuden der Wohnhäuser und an anderen

Orten

Orten statt, wo Holzasche und andere Stoffe die Erzeugung dieses Salzes begünstigen. Die Auswitterung der salpetersauren Mauersalze erfolgt rascher an solchen Stellen, wo kein direktes Sonnenlicht die Mauer trifft, wo ruhig stehende Luft und Feuchtigkeit herrscht, und vorzüglich an der Nordseite des Gebäudes.

Salpeter kann aber auch an solchen Orten entstehen, wo weder thierische noch vegetabilische Stoffe zersetzt werden.

Erinnerung an einige Lehren der Chemie, und zu berücksichtigende Nebenumstände in Beziehung auf diesen Gegenstand, bei dem Vortrage.

Eine andere Art Mauersalz, welche an einigen öffentlichen Gebäuden in hiesiger Residenzstadt bei trockener Witterung sich bildet, und aus kohlensaurem Natrum bestehet, verdankt ihren Ursprung der Gegenwart des Kochsalzes, mit welchem das Erdreich, worauf das Gebäude steht, durchdrungen ist. Allen Beobachtungen gemäss, findet man diesen Salzbeschlag allein unten an den Mauern, einige Fuss über der Erde, wo sie feucht sind, selten höher, und vorzüglich an solchen Gebäuden, deren Grundmauern aus

Kalkstein erbauet sind. Unter solchen Umständen findet eine allmähliche Zersetzung des Kochsalzes durch die Einwirkung des Kalksteines statt, bei welcher kohlensaures Natrum an der Luft efflorescirend sich abtrennt. Der Kalk, ob er gleich, in der chemischen Verwandtschaft zur Salzsäure, dem Natrum nachsteht, zersetzt das Kochsalz durch Mithülfe der starken Neigung des kohlensauren Natrums zur Efflorescenz. Dieses findet vorzüglich bei Gebäuden statt, welche feuchte und dumpfige Keller haben, oder wo das Erdreich des Souterrains feucht ist. Dieses Salz, welches man als einen weissen Beschlag ausgewittert findet, theilt dem Mauerwerke eigentlich keine Feuchtigkeit mit, sondern solche schreibt sich vielmehr von der Salzsäure her, die sich aus dem Kochsalze entbindet, mit der Kalkerde in Verbindung tritt, und salzsauren Kalk bildet, der aus der feuchten Luft Wasser abscheidet und auf diese Weise das Mauerwerk feucht macht, den Kalkanwurf zerstört, und die Ziegelsteine dergestalt durchdringt, dass sie den Anputz nicht nur bald wieder fallen lassen, sondern auch selbst zuletzt mürbe werden, und zerbröckeln. Die lockeren, schlecht gebrannten Ziegelsteine werden davon oft gänzlich durchdrungen, und theilen dann ihre Feuchtigkeit dem Holzwerke mit.

Hinweisung auf Oertlichkeiten hier in Berlin, wo diese Arten Mauersalze zu finden sind; mündlich bei'm Vortrage.

Auch schwefelsaures Natrum kommt zuweilen als Mauersalz vor. Die zu dessen Erzeugung erforderliche Schwefelsäure entstehet durch die Verwitterung der aus schwefelkieshaltigem Thon verfertigten Mauersteine, welche eine Zersetzung des in dem Baugrunde enthaltenen Kochsalzes bewirkt. Es erscheint vorzüglich an unseren Wohngebäuden während des Frostes, und verschwindet, wenn Thauwetter eintritt, es ist jedoch immer mit anderen Salzen verunreinigt, vorzüglich mit Kalksalpeter.

Zuweilen erzeugt sich Bittersalz (schwefelsaure Talkerde) an den Mauern der Gebäude. In den hiesigen Gegenden ist diese Art Mauersalz selten. Der Königliche Bau - Inspector Schramm fand Bittersalz an den Mauern der Gewölbe des Magdeburger Doms. Die aus Gneiss erbauten Stadtmauern der Stadt Freiberg in Sachsen beschlagen an der Nordseite alle Sommer mit ausgewittertem Bittersalze.

Diese Mauersalze muss man nicht mit dem Ausschlagen der Mauern verwechseln, welches oft nur, und vorzüglich an den inneren Wänden der Wohnzimmer, an einzelnen Stellen derselben statt findet.

Dieses zerfressende Mauerzalz, welches gemeiniglich als braune oder grüne Flecke hier und da an den mit Kalk geweissten oder getünchten Wänden erscheint, ist in der Regel schwefelsaures Eisen. Seine Entstehung schreibt sich von Schwefelkies her, der in schlecht gebrannten und aus untauglichen Materialien verfertigten Mauersteinen anzutreffen ist, und dessen Zersetzung durch Einwirkung der Luft und Feuchtigkeit im Gemäuer statt findet, und daselbst schwefelsaures Eisen und andere Salzarten bildet.

Die von Moses * angeführte Häuserkrankheit, welche dieser Gesetzgeber auf Befehl des Herrn zum Gegenstande eines polizeilichen Ge-

* III. Buch Moses. Cap. 14. V. 33 — 54.

setzes machte, ist nach den besten Bibelforschern nichts anders als diese Art Mauerfrass, worüber sich Moses folgendermassen ausdrückt. „Wenn sich an den Wänden der Häuser eine unebene Fläche mit röthlich oder grünlicher Farbe sichtbar machen sollte, so soll der Priester Befehl ertheilen, dass alles Hausgeräthe aus dem Hause geschafft, und das Haus sieben Tage lang verschlossen bleibe. Gesetzt nun, dass in der Zeit die Kennzeichen der Krankheit zugenommen hätten, und man merkte, dass das Uebel tiefer eingedrungen wäre, so sollen die Steine aus der Wand gebrochen, und an einen unreinen Ort, ausserhalb der Stadt, geworfen werden. Darauf soll der Priester die Verfügung machen, dass die Wand beschabt, und das Abgeschabte ausserhalb der Stadt geworfen werde, wenn vorher das Innere des Hauses mit frischem Kalk gut getüncht, neue Steine in die Stelle der unreinen, ausgebrochenen gesetzt, und zwei Sperlinge zum Versöhnungsopfer gebracht worden sind.

Wenn dessen ungeachtet doch noch etwas von dem alten Aussatze zum Vorschein käme, so soll man diese Erscheinung für ein Zeichen eines unheilbaren Aussatzes halten. Deshalb soll das ganze Haus vom Grunde aus niedergerissen, und an einen unreinen Ort, ausserhalb der Stadt, geschafft werden."

Das von Moses empfohlene Ausbrechen der Steine aus der Mauer ist ohne Zweifel das zweckmässigste Vertilgungsmittel dieser Häuser-Krankheit, es muss aber durchaus so weit geschehen, als die schadhafte Mauer es nur irgend zulassen will.

In Hinsicht der Vertilgung der oben erwähnten Mauersalze bedient man sich hier folgendes Verfahrens. Man hauet den beschädigten Theil des Anwurfs von der Mauer ab, spitzt die Mauersteine ungefähr einen halben Zoll tief aus, und betheert die Fläche mit kochend heissem Theer. Hierauf lässt man die betheerte Stelle einige Tage lang der Luft ausgesetzt stehen, damit der Theer-Anstrich erhärte. Alsdann wird der Anwurfsmörtel mit dem Richtscheit aufgetragen, die Mauer gerade gemacht, und abgeputzt.

In Nord-Amerika, besonders an den Küsten-Gegenden * sind ganze Städte auf nassem Grunde erbauet, ohne über Feuchtigkeit der Wohnungen klagen zu hören. Man verfährt dabei so:

Wenn das Fundament des Gebäudes über den äusseren Boden hervorragt, wird das Gemäuer mit gleich breiten dünnen Bleiplatten belegt, und auf selbige fortgebauet. Diese Zwischenlage verhindert das Durchdringen der Feuchtigkeit, die sonst über die Grundschwellen steigen würde.

Auf ähnliche Weise sichert man sich gegen die Feuchtigkeit der Wände. In England, (und auch hier in Berlin) hat man angefangen, feuchte Wände mit dünner Bleifolie, ähnlich der, womit man Tabakspackete überzieht, zu bekleiden, und mit kupfernen Nägeln zu befestigen, und dann die Wand mit Papier zu überziehen.

Bemerkungen über andere angepriesene Vertilgungsarten der Mauersalze, im Vortrage.

* Gewerbsblatt No. 26. 1825. S. 183.

Verschiedene Arten des Baugrundes.

Steingrund nennt man einen Boden, der aus einer zusammenhängenden Masse von Stein besteht; wenn ein solcher Grund 12 bis 15 Fuss mächtig und durchaus gleichartig ist, so ist er zum Bauen tauglich.

Kies- oder Sandgrund. Kann man sich überzeugen, dass ein kies- oder sandiges Erdreich 12 bis 18 Fuss Mächtigkeit hat, dass es vom zufälligen Steigen oder Fallen des Grundwassers keine Veränderung erleidet, und eine beträchtliche Ausdehnung über die Nachbarschaft der Baustelle hat, so kann man ein Gebäude sicher darauf errichten, vorzüglich wenn der Sand von der Art ist, dass die Seitenwände der ausgegrabenen Baustelle sich lothrecht erhalten.

Trieb- oder Flugsand ist im Gegentheil als Baugrund sehr unsicher. Er erfordert die Anlegung eines künstlichen Grundes.

Thon-, Lehm-, oder Lettengrund. Wenn das Lager des Thons wenigstens 8 bis 10 Fuss dick ist, wenn es nicht vom Wasser durchdrungen wird, und immer trocken bleibt, so ist es ein zuverlässiger Baugrund.

Garten- oder Ackergrund. Jedes Erdreich, welches durch eine künstliche Bearbeitung bereits durchwühlt ist, ist als Baugrund untauglich. Eine solche Baustelle muss so tief ausgegraben werden, bis man auf den natürlichen, festen Boden kommt. Leichte Gebäude errichtet der Baumeister oft auf einem Erdreich, das aus Acker- oder Gartenerde besteht, aber in solchen Fällen macht er die Basis der Grundmauern verhältnissmässig grösser, als er widrigenfalls thun würde. Durch Erweiterung der Grundfläche des Fundaments eines Gebäudes wird überhaupt in der Baukunst oft ein schlechter Grund mit Vortheil benutzt.

Erinnerung an die, unter dem Namen des Mauerrechts, in der Baukunst bekannte Regel der Statik — Standfähigkeit eines Körpers.

Ein gemischtes natürliches Erdreich, das aus Trümmern anderen Gebirgssteine und Erdarten zusammengesetzt ist, kann, wenn es 10 bis 12 Fuss Mächtigkeit und eine beträchtliche Ausdehnung hat, als Baugrund benutzt werden.

Unter den gewöhnlichen Umständen findet man die meiste Zeit im natürlichen gemischten Erdreiche jeder Art eine feste Erdschichtung von beträchtlicher Mächtigkeit wenn man darnach gräbt. Es ist jedoch nöthig immer noch etwas tiefer zu graben um sich zu überzeugen ob der Grund auch in der That fest ist in der Tiefe.

Aufgeschütteter Baugrund, welcher aus Schutt bestehet, ist als Baugrund ebenfalls untauglich. Er muss so tief ausgegraben werden, bis man auf den natürlichen festen Boden kommt.

Torf-, Morast-, Schlamm-, oder Wassergrund erfordern die Anlegung eines künstlichen Grundes.

Schätzung des kubischen Inhalts des festen unausgegrabenen Grundes, und des, durchs Ausgraben, locker gewordenen Erdreiches.

Das ausgegrabene Erdreich einer Baustelle dient oft beim Bauwesen, zur Ausfüllung einer Vertiefung, oder zu der Erhöhung eines Terrains, es ist daher nützlich, hier in Erinnerung zu bringen, dass das feste, natürliche, unausgegrabene Erdlager, in der Regel, zu der durchs Ausgraben locker gewordenen Erde sich verhält, wie 3 : 4. Nach Eytelwein * wiegt:

Ein Kubikfuss lehmigte Erde . . .	$127\frac{2}{10}$	Pfund.
Ein Kubikfuss Gartenerde	$107\frac{6}{10}$	—
Ein Kubikfuss magere Erde	$88\frac{2}{10}$	—
Ein Kubikfuss frischer Lehm . . .	$109\frac{7}{10}$	—
Ein Kubikfuss erhärteter Lehm . .	100	—
Ein Kubikfuss gemeiner Sand . . .	108	—
Ein Kubikfuss Flusssand	$125\frac{3}{10}$	—
Ein Kubikfuss Flusssand mit Wasser durchdrungen	$128\frac{1}{4}$	—

* Vergleichung der in den Königl. Preuss. Staaten eingeführten Maasse und Gewichte. 1798.

Da jedoch oft verschiedenartige Erdlager sich über einander geschichtet befinden, so wird man bei einer ungefähren Schätzung nicht sehr irren, wenn man den Kubikfuss Erde im Durchschnitt 1 Centner schwer rechnet, weil in der Tiefe das Erdreich doch immer feucht ist.

Gewöhnlich wird die Erde längs der Baustelle entweder dicht an derselben, oder doch nur höchstens bis auf 100 Schritte gekarret, und dann diejenige weggefahren, welche man nicht zum Ausfüllen der Fundamente, oder auf eine andere Weise, benutzen kann. In Eytelwein's Wasserbaukunst Band I. findet man einen sehr einfachen und für diesen Behuf zweckmässigen Wagen beschrieben.

Zweiter Theil.

Bauholz.

Organischer Bau des Holzes im Allgemeinen.

Jeder Baumstamm, so wie auch jeder Ast und Zweig eines Baumes, ist aus der Rinde, dem Holze, und Marke zusammengesetzt.

Die Rinde ist derjenige Theil, welcher die Pflanze, von der Wurzel aus, bis zur Spitze der Zweige bekleidet. Man sieht diese Theile deutlich, wenn man einen Ast quer durchschneidet. Die Rinde hat gemeiniglich, jedoch nicht immer, eine grüne Farbe; sie besteht aus drei verschiedenen Theilen, die sich leicht trennen lassen: der Oberhaut, dem Fleische und dem Baste.

Die Oberhaut, oder Rindenhaut, ist die äusserste feine Bekleidung der Rinde, bei einigen Holzarten schält sie sich von selbst ab, dies ist der Fall bei der weissen Birke.

Das Fleisch liegt unmittelbar unter der Oberhaut der Rinde. Es besteht gemeiniglich aus einem lockeren mit Bildungssafte angefüllten Gewebe. Untersucht man es vermittelst eines Mikroskopes, so sieht man, dass es aus Fasern zusammengesetzt ist, die sich in verschiedenen Richtungen durchkreuzen und zahllose netzförmige Zwischenräume bilden.

Der Bast macht den innersten Theil der Rinde aus, welcher zunächst auf der Holzmasse liegt. Er besteht aus mehreren über einander geschichteten Lagen dünner Häutchen. Ihre Anzahl scheint mit den Jahren der Pflanze zuzunehmen. Jede dieser Lagen besteht aus in die Länge laufenden Fasern, die sich abwechselnd einander nähern und sich von einander entfernen, so dass sie eine Art Netzwerk bilden, dessen Maschen in jeder der verschiedenen Lagen mit einander correspondiren. Sie werden kleiner und kleiner, so wie sich die netzförmigen Lagen dem Holze nähern.

Das Holz folgt zunächst auf den Bast. Es macht den festen und grössten Theil des Stammes und der stärkeren Aeste des Baumes aus.

Der jüngere und nicht vollkommen verhärtete Theil des Holzes, welcher näher gegen die Rinde zu liegt, ist weicher, saftiger, und hat gemeiniglich eine blässere Farbe, als der übrige Theil des Holzes, man nennt ihn den Splint des Holzes, oder das Splintholz. Die Holzlagen nehmen bei ausgewachsenen Stämmen an Dichte zu, so wie sie sich dem Mittelpunkte nähern.

Die Holzsubstanz bestehet aus Bündeln von schraubenförmig gewundenen Fasern, die bald enge, bald weiter über und in einander geschlungen sind, und dadurch kleinere oder grössere Oeffnungen zwischen sich lassen; diese, nachdem sie verhärtet sind, zeigen sich als Fasern.

Das Mark nimmt das Innerste des Holzes ein. Es ist eine mehr oder weniger schwammige Substanz, welche eine grosse Menge Zellen enthält. Bei jungen Schösslingen ist es sehr saftig, es wird aber, so wie die Pflanze älter wird, härter und verschwindet endlich in den alten Stämmen mancher Bäume gänzlich.

Jene erwähnte Oberhaut, das Fleisch, der Bast, und das Mark, können also als verschiedene Gestaltungen einer zellenförmigen Masse angesehen werden, so wie die Jahresringe und die Spiegelfasern nur als verschiedene Richtungen der Holzfasern angesehen werden müssen. Die Holzfaser macht bei weitem den grösseren Theil des Holzes aus, und von der Art des Zusammenhanges derselben hängt die Verschiedenheit des specifischen Gewichts der verschiedenen Holzgattungen ab.

Eine weitere Auseinandersetzung dieses Gegenstandes gehört in das Gebiet der Pflanzen-Physiologie.

Physische und chemische Beschaffenheit des Holzes.

Alle Bäume, Sträuche und Pflanzen, mit Ausnahme einiger Familien, z. B. der Pilze, Schwämme und Flechtengewächse, enthalten eine eigenthümliche feste Substanz, deren unter dem Namen der Holzfaser bereits oben Erwähnung geschehen ist.

Diese Fasersubstanz kommt in verschiedenen Hölzern, Stängeln, Rinden, Blättern, Wurzeln und anderen Theilen der Pflanzen von

ver-

verschiedener Feinheit und Länge vor; sie lässt sich aber immer in sehr dünne Fäserchen mechanisch zergliedern. Flachs, Hanf, Baumwolle sind Abänderungen dieses Faserstoffs; gewönhliches Papier besteht aus Holzfasern, die filzartig in einander verwebt sind.

Da die Holzfasern durch ein lockeres Zellengewebe mit einander verbunden sind, so lässt sich demnach die Faserlage sowohl leicht von einander spalten, als auch bis auf einen gewissen Grad der Breite und Dicke noch näher an einander pressen. Es ist noch keinesweges erwiesen ob eine Holzfaser durch äussere Gewalt verkürzt werden kann, wenigstens kommt man darin überein, dass dazu eine ungeheuer grosse Kraft gehöre. Die Holzfaser ist ferner in der Richtung der Länge schwer zu zerreissen, der Quere nach aber leicht zu zerbrechen.

Wären die Holzfasern weder dehnbar, noch trennbar, so würde es fast unmöglich seyn, ein Stück Holz zu zerbrechen. Es leidet aber keinen Zweifel, dass Holzfasern sich durch eine hinlänglich starke Gewalt ausdehnen lassen.

Aderseite des Holzes. Eine Ebene an einem Stücke Holz, welche in der Richtung der Holzfasern liegt, nennt man die **Aderseite** des Holzes.

Hirnseite des Holzes. Mit dieser Benennung bezeichnet man eine Ebene, welche die Holzfasern quer durchschneidet.

Nähere Bestimmung dieses Gegenstandes bei'm Vortrage, vorzüglich in Beziehung auf die bei'm Bauwesen vorkommenden **Holzverbindungen.** Bauhölzer, welche in gerader Linie mit ihren **Hirnseiten** zusammen geschnitten sind, bleiben fast niemals dicht. Warum? — Andere Holzverbindungen. Verhalten derselben und physische Ursachen, welche vermögend sind, den Verband zu vernichten.

Man erhält die Holzfaser im reinen Zustande, wenn Holzspäne zuerst mit Wasser anhaltend ausgekocht, der getrocknete Rückstand mit starkem Weingeiste, nachmals mit verdünnter Salzsäure, dann mit einer Auflösung der gewöhnlichen Pottasche, nun zuletzt so lange mit Wasser digerirt werden, als dasselbe auf das Holz noch einige Einwirkung äussert.

Die Holzfaser ist ohne Geschmack und Geruch, im Wasser, Weingeist, in den Oelen und in den Pflanzensäuren unauflöslich.

Die chemische Analyse zeigt, dass die Bestandtheile des Faserstoffes des Holzes folgende sind:

Kohlenstoff	52,53
Sauerstoff	41,78
Wasserstoff	5,69
	100,00.

Das Holz enthält eine beträchtliche Menge Wasser. Eichenholz, das lange, gegen Regen geschützt, an der Luft gelegen hat, verliert beim Austrocknen durch Wärme, in einer Temperatur von 507° F. über den Siedpunkt des Wassers, noch 24 Procent seines Gewichts an Wasser.

Frisch gefälltes Eichenholz enthält 37½ Procent Wasser; weniger als 10 Procent enthält es auch dann nicht, wenn das Holz lange Jahre, gegen Regen geschützt, an der freien Luft ausgetrocknet wurde.

Der Wassergehalt des Holzes hängt übrigens von der Temperatur der Luft und ihrem Gehalte an Feuchtigkeit ab. Holz enthält im Sommer weniger Feuchtigkeit als im Winter. Wenn man Holz vollständig in starker Hitze trocknet, so zieht es nachmals aus der Luft wieder so viel an Feuchtigkeit an, als es enthalten würde, wenn es für sich sehr lange jener Luft von einer bestimmten Temperatur wäre ausgesetzt gewesen. Rumford fand, dass völlig ausgetrocknetes Eichenholz im Sommer bei einer Temperatur von 12° F. 8,97, im Herbst bei 52° F. 12,46, und im Winter bei 45° F. 16,64 Theile Wasser aufnahm. Die hygroskopische Eigenschaft des Holzes, vermöge welcher es in feuchter Luft wieder Wasser aufnimmt, hängt grösstentheils von den im Wasser auflöslichen extraktartigen und salzigen Theilen ab, welche das Holz enthält. Nadelhölzer nehmen im Allgemeinen weniger Feuchtigkeit in sich auf, als Laubhölzer.

Werfen, Aufreissen und Schwinden des Holzes und Umstände, welche in physischer Hinsicht dabei zu berücksichtigen sind, um Holz für verschiedene Zwecke der Baukunst möglichst anwendbar zu machen.

Das Aufreissen, Werfen und Schwinden des Holzes gründet sich zum Theil auf die Art und Weise der Austrocknung desselben, theils auch auf die Fähigkeit, welche das trockene Holz besitzt, mehr oder weniger Feuchtigkeit aus der Luft abzuscheiden und sich anzueignen.

Da das Holz * kein gleichartiger Körper ist, so trocknen die inneren Lagen weniger schnell, als die äusseren, mit der Luft in Berührung kommenden Theile. Dieses ist die Ursache, dass alles Rundholz, welches sehr splintig ist, und schnell getrocknet wird, der Länge nach aufreisst. Der schwammige Splint zieht sich nehmlich so stark zusammen, dass er den Kern des Holzes nicht mehr ringsum bekleiden kann.

Es ist eine bekannte Thatsache, dass beschlagene Baumstämme und Halbholz sich gegen die Seite hinkrümmen, wo der wenigste Splint ist, weil die entgegengesetzte Seite sich stärker zusammenzieht.

Halbholz sollte deswegen nie aus frischen Stämmen geschnitten werden. Grund und Boden und Klima haben unstreitig auf das Verhalten des Holzes in dieser Hinsicht, Einfluss.

* Hoffmann's Hauszimmerkunst. S. 67.

An Bäumen, welche auf lichten Stellen gewachsen sind, ist das Holz an der Mittagsseite grobaderiger und weicher, als an der Mitternachtseite, die erste zieht sich daher bei'm Trocknen mehr zusammen und die letztere muss sich dagegen auswärts krümmen. Hat das Kreuzholz in einer Ecke den meisten Splint, und in der entgegengesetzten den meisten Kern, so biegt es sich in der Richtung der Diagonale an der Kernecke auswärts. Man sollte also Kreuzholz noch weniger als Halbholz aus frischen Stämmen schneiden. An Dielen tritt der Kern auswärts, weil er zwischen dem stärker zusammengezogenen Splint nicht Raum hat. Ein geschickter Zimmermann weiss die Holzverbandstücke so zu ordnen, dass theils ihr eigenes Gewicht, theils andere mit ihnen verbundene Hölzer dem Verwerfen entgegen streben. Die Befolgung nachstehender von Hoffmann empfohlenen Regeln wird zur Erreichung dieses Zweckes beitragen.

Am liegenden Holze, z. B. Balken, Unterzügen, sollte diejenige Seite, welche den meisten

Kern hat, also die Winterseite, oder die Seite, deren Fasern etwas bogenförmig gekrümmt sind, nach oben kommen; in diesem Falle wirkt die Schwere des Balkens, nach welcher er sich in der Mitte niederwärts zu senken strebt, der Richtung des Verwerfens entgegen, die nach oben geht, und der Balken kann mehr tragen, als ein anderer, der keine Anlage zum Verwerfen hat, weil er in sich selbst eine Spannung erhält.

Stehendes Holz in Wänden, welche Seitendruck leiden, wie Bollwerke, Schleusenwände, zum Theil auch Scheunenwände, wird so gestellt, dass die kernigste Seite dahin gerichtet ist, woher der Druck kommt.

Stehendes Holz in freien Wänden muss dagegen so eingesetzt werden, dass die kernigste Seite in der Wand liegt und gegen die Mitte des Gebäudes hingerichtet ist; in diesem Falle können die Ständer sich weder in- noch auswärts krümmen; sondern stemmen sich gegen die Mitte hin einander entgegen, und werden durch die Riegel aus einander gespreitzt.

Freistehende Säulen sollten rund gelassen, oder wenigstens nur achtkantig beschlagen werden, überhaupt hat man an gerade gewachsenen Stämmen nicht leicht ein Verwerfen zu befürchten.

Diese Vorsichtsregeln sollten nie vernachlässigt werden, auch wenn man sich des trokkensten Holzes zum Bauen bedient; denn man ist niemals sicher, dass das trocken scheinende Holz nicht noch etwas nachtrocknet. Die Erfahrung lehrt, dass eichene Planken, welche drei Jahre lang in einem luftigen Holzschauer auf Unterlagen gelegen haben, oft noch sehr merklich in der Breite schwinden.

Je langsamer und regelmässiger das Holz austrocknet, desto weniger hat man ein Verwerfen desselben zu befürchten. Oft werfen sich Bretter, wenn sie abwechselnd der Witterung und Luft ausgesetzt sind, so dass die beiden Rinden-Enden hervorspringen, der Kern aber zurückbleibt.

Legt man die Kernseite heraus, so ziehen sie sich auswärts krumm und werden im Mittel hoch; legt man aber die Kernseite einwärts, so ziehen sie sich einwärts krumm und werden muldenförmig. Um dieses zu verhüten, spalten die Tischler zuweilen jedes Brett in der Mitte des Kerns von einander und schieben die Theile beim Bau in spitzwinkelichten Spunden auf einander, so dass allemal die Rindenseite mit der Kernseite wechselt. Hierdurch wird das Werfen verhindert, weil dann die Kernseite und die Rindenseite sich allemal in entgegengesetzter Richtung werfen, dadurch aber, dass die Rindenseite mit der Kernseite verbunden ist, die Bretter gleichsam verkettet werden und sich unter einander festhalten.

Wird der Wassergehalt dem Holze schnell nur an einer äusseren Fläche entzogen, so zieht sich die äussere Holzlage, vorzüglich das Spiegelgewebe, in einen engeren Raum zusammen, bei Erhöhung der Temperatur entwickeln sich aus den inneren Holzfasern Wasserdämpfe und durch ihre ausdehnende Kraft entstehen Risse und Sprünge, als natürliche Folgen solcher Ausdehnung.

Diese Wirkung benutzen oft die Böttcher und Tischler, um ein Stück Holz zu krümmen. Man zündet ein Féuer an, hält darüber die Seite des Holzes, die sich biegen soll, während man die andere Seite nass macht. Die Hitze entbindet die Feuchtigkeit der ihr zugekehrten Seite, und bewirkt dadurch, dass sich die Theile nähern. Die auf der andern Seitenfläche eindringende Nässe treibt sie dagegen von einander.

Nöthige Beschaffenheit der Waldbäume, welche Bauholz liefern sollen.

Bäume, welche Bauholz liefern sollen, müssen gesunde und gerade, wohl ausgewachsene Stämme haben, die auf 30 bis 40 Fuss Höhe, noch 1 bis 1¼ Fuss, im Durchmesser haben. Der Brücken-, Schiff-, Schleusen-, Theater-, und Mühlenbau erfordert oft noch grössere Stämme. Zum innern Ausbau der städtischen und landwirthschaftlichen Gebäude ist, in der Regel, viel kleineres Holz hinreichend.

Zu Schnittholz sind ebenfalls gesunde und gerade Baumstämme, welche eine beträchtliche Stärke und ziemlich gleichförmige Dicke haben, um aus ihnen Bohlen, Bretter, oder Spalt- und andres Werkholz darzustellen, nothwendig.

Die Erfahrung lehrt, dass grosses Bauholz, mit Sicherheit und in grossen Quantitäten, nur in dicht geschlossenen Revieren erzeugt werde. So unwirthschaftlich dieses Verfahren auch scheinen mag, so ist es doch rathsam, dass in ihnen die Axt des Brennholzschlägers nicht gehört werde, und dass, selbst bei den scheinbarsten Vorwänden, nicht gestattet werde, dass man in ihnen eher schneitele, lichte, oder auch nur abgestorbenes Holz aufräume, als bis der grösste Theil der Bäume beinahe die erforderliche Bauholzgrösse erreicht hat.

Mittel, das Alter eines Baumes zu schätzen; und Verhältniss des Wachsthums des Holzes bei verschiedenem Alter desselben.

Das sicherste Mittel, das Alter eines Baumes zu schätzen, bestehet, nach Hartig, darin, dass man die Jahresringe vom Mittelpunkte, oder von der Markröhre an, bis zur Rinde zählt. So viel Jahresringe man findet, so viele Jahre ist der

Baum alt, weil jeder Baum, so lange er lebt, alle Jahr einen Holzring, er mag klein oder gross seyn, anlegt. Die Jahresringe, welche oft sehr schmal sind, werden vorzüglich sichtbar, und lassen sich am besten zählen, wenn die Fläche glatt und nass gemacht wird. Man bediene sich daher dieses Vortheils und zähle die Ringe vermittelst einer Nadel ab. Doch muss man zu der gefundenen Anzahl von Jahren noch so viele hinzurechnen, als man aus Erfahrung weiss, dass jede Holzart nöthig hat, um so hoch zu werden, als der Stock ist, worauf der untersuchte Baum stand. Beim Laubholze, das zwei Jahrestriebe macht, muss man sich vorsehen, dass man die, an manchen Bäumen, aber nur selten, bemerkbaren ganz matten Ringe vom Frühlingstriebe nicht mitzählt, sondern nur die stärker in die Augen fallenden Herbstringe ausrechnet.

Es wird behauptet, * dass das Verhältniss des Wachsthums des Holzes in verschiedenem Alter desselben auf folgende Weise bestimmt werden könne.

* Dingler's Journal Bd. 7. Hft. 3. S. 381.

Wenn man den Wachsthum des Holzes im 1sten Jahre gleich 1 setzt, so ist er im 2ten = 4, im 3ten = 9, im 4ten = 15, im 5ten = 22, im 6ten = 30, im 7ten = 40, im 8ten = 54, im 9ten = 70, im 10ten = 92.

Umstände welche auf die Beschaffenheit der Waldbäume die Bauholz liefern, Einfluss haben.

Der Boden hat eine wichtige Einwirkung auf die Beschaffenheit und Güte des Holzes. Forstmänner glauben, dass die Krankheit der Bäume, die Saftfülle genannt, ihren Ursprung darin habe, dass der Baum in einem für ihn zu fruchtbaren Boden wachse, und dass dadurch ein zu starker Reitz entstehe, dass der Baum zu starke Jahrestriebe mache und seinen Wachsthum zu spät verlängere.

Nadelhölzer, vorzüglich Fichten und Kiefern, sind geneigt, kernfaul zu werden, wenn sie in einem zu nahrhaften Boden wachsen. Der Baum treibt in diesem Falle zu grosse Jahresringe; die Gefässe werden zu sehr angefüllt; die

Holzmasse wird schwammig, der Baum krank und stirbt bald gänzlich ab. Oft trennt sich das unreife unausgebildete Holz, vom reifen Holze, und der Stamm wird schälrissig oder kernschälig.

Ein in zu armen Boden stehender Baum wächst langsam, seine Blätter und Rinde verlieren ihr kräftiges Ansehen, der Baum trägt nur wenige Blüthen, und seine Früchte verwelken. Bäume von einem sumpfigen Boden geben, im Allgemeinen, weniger festes und dichtfaseriges Holz, als Bäume von gleicher Art welche auf einem fruchtbaren trockenen Boden wachsen. Ein solches Holz giebt mit dem Hobel bearbeitet, keine lange, zarte, elastische, bandförmige, sondern kurze, bröcklige Späne, auch reisst oder spaltet es leicht auf. Es ist allgemein bekannt, dass die Eiche, in fruchtbarem fetten Boden schneller und vollkommener wächst; allein ihr Holz ist dann weniger fest. In einem trockenen Boden wird sie krüppelhaft und erreicht selten ein Alter über 70 bis 80 Jahre.

Die gemeine Kiefer und die Birke wachsen in sandigen Ebenen am vollkommensten; die

Edeltanne, die Buche, die Rüster, der Ahorn, die Hagebuche, die Sommereiche, die Aesche auf sanften Abhängen und Erhöhungen der Mittelgebirge; während im Gegentheil die Wintereiche, der Lerchenbaum und die gemeine Fichte in höheren Standorten möglichst vollkommen ausgebildet werden.

Erlenholz von feuchtem Boden ist rothbraun, das von trockenem ist blasgelb. Wenn die Flatterrüster in niedrigen Gegenden und gutem Boden, auf Wiesen und feuchten Waldplätzen, oder an Bächen wächst, so wird ihr Laub viel grösser und breiter und die üppigen Schüsse gleichen dann denen der Haselnussstaude.

Das Klima hat einen auffallenden Einfluss auf das Gedeihen und die Beschaffenheit der Holzarten. Jede der grösseren und vorzüglich nützlichen Holzarten erhält nur in einem ihr zuträglichen Klima die beste Beschaffenheit. Die im nördlichen Europa ihre grösste Vollkommenheit erreichende Kiefer gedeihet keineswegs in eben dem Grade in südlichen Himmelsstrichen. In grossen Weinlagern in welchen sich viele

Stückfässer von Eichenholz aus sehr verschiedenen entfernten Ländern befinden, sieht man deutlich, dass die Fasern der Stäbe aus nördlichen Ländern grobfaseriger sind, als die aus südlichen Himmelsstrichen.

Die Holzhändler in Paris unterscheiden dreierlei Arten Eichenholz: * aus Auvergne, aus Burgund, und aus Holland. Das letztere Holz ist aus den schwäbischen Wäldern, welches den Rhein hinabgeflösst wird. Man hält das Holländische, das ist das Holz aus den nördlichen Forsten für das schlechteste, und das aus Auvergne für das beste.

Auch die örtliche Lage hat einen wesentlichen Einfluss auf die Güte der Holzarten. Die Erfahrung zeigt, dass die an der Nordseite wachsenden Waldbäume, zum wenigsten in nördlichen Theilen von Europa, im Allgemeinen schlanker gestaltet sind, und ein festeres, härteres, feineres und specifisch schwereres Holz haben, als die, welche gegen Mittag wachsen. Das Holz der letzteren ist fast immer mehr ästig, grobfaseriger, weicher

* Hoffmann's Hauszimmerkunst. S. 4.

weicher und weniger fest. Die an der Ost- und Westseite wachsenden Bäume halten, in Hinsicht ihrer Beschaffenheit, das Mittel zwischen den an der Nord- und Südseite wachsenden Bäumen. Nicht weniger Einfluss auf die Beschaffenheit des Holzes haben die herrschenden Winde, denen die Bäume mehr oder weniger ausgesetzt sind. Kernschaden, Schalrisse, doppelter Splint und andere örtliche Fehler können dadurch veranlasst werden. Einzelne an der Höhe eines Berges stehende Bäume haben in der Regel ein knorriges, maseriges, härteres, gewundenes Holz, und keinen so geraden Wuchs, als diejenigen, welche in dichtgeschlossenen Holzrevieren wachsen. Letztere liefern im Allgemeinen ein geradfaseriges, gleichförmiges, weniger ästiges, und specifisch leichteres Holz. Die Eichen am Spessart haben unter wenig Splintlage ein auffallend beträchtlich specifisch schwereres festeres Holz, als die Eichen im fruchtbaren Mainthale. Eine Kiefer, die auf Anhöhen gewachsen und mithin den Stürmen und dem Wetter mehr ausgesetzt gewesen, giebt härteres und festeres Holz, als die in nassen und niedrigen Orten gewachsen ist.

Böttcher beurtheilen den Standort des Eschen- und Birkenholzes, welches sie zu Fassbänden gebrauchen, sehr zuversichtlich einzig und allein nach der Elasticität des Holzes. Das Holz dieser Bäume, welche auf einem trockenen, und mittel trockenen Boden gewachsen ist, ist mehr elastisch und biegsamer, als das von einem sumpfigen Boden.

Fernere Bemerkungen über diesen Gegenstand beim Vortrage.

Fällungszeit des Bauholzes.

Die Zeit, wenn das zum Bauen bestimmte Holz in der Regel gefällt wird, ist der Spätherbst, oder der Nachwinter; nicht allein deswegen, weil der Baumstamm in diesen Jahreszeiten weniger saftreich als im Frühjahr oder Sommer ist, mithin das abgestämmte Holz geschwinder austrocknet; sondern vorzüglich deswegen, weil die Zimmerleute, Tagelöhner und die Wirthschaftsgespanne der Landleute, vom November bis März, weniger Beschäftigung haben, als im Sommer, und die Wege bei hartem Froste zum Ausfahren besser als im Sommer geeignet sind. Spaltholz wird aber gewöhnlich in der Saftzeit des Baumes gefällt, weil es sich dann leichter spalten und reissen lässt. Laubhölzer, deren Rinde Kaufmannswaare ist, z. B. die Borke von Eichenholz, auch wohl von Birken, Ellern und Eschen, werden oft im Frühjahre oder Sommer gefällt, weil sich alsdann die Borke leicht abtrennen lässt. Die Erfahrung hat es aber genügend gelehrt, dass, wenn die erwähnten Umstände nicht zu berücksichtigen sind, das Laubholz sowohl als das Nadelholz zu jeder Jahreszeit gefällt werden können, ohne die Güte des Holzes dadurch zu vermindern.

Die Fällung des Baumes geschieht entweder durch Abhauen mit der Axt, so nahe wie möglich über der Erde, durch Ausgraben mit der Wurzel, oder durch Absägen. Letztere Verfahrurgsart ist öfter das einzige Mittel, um den Baum nach einer verlangten Richtung zu fällen, weil ihm alsdann durch die Einwirkung einiger Keile bei'm Fallen die Richtung gegeben werden kann, in welcher er den benachbarten Bäumen den wenigsten Schaden zufügt, und am leichtesten abgefahren werden kann. Das schnelle Abschälen der Rinde sichert die Laubhölzer gegen den Angriff der Insekten, welche absterbenden Bäumen besonders nachgehen, auch erhärtet der entblösste Splint dadurch so schnell, dass kein Insekt leicht in denselben einbohrt. Das Eichenholz lässt sich am besten bearbeiten, wenn die Eichen im Winter gefällt, und alsbald in die beabsichtigten einzelnen Theile getrennt werden.

Büchenholz muss möglichst bald gespalten, oder von der Borke befreit werden, weil es sonst leicht stockt. Nadelhölzer können dagegen, so lange sie noch frisch sind, nicht entrindet werden, weil durch die Entblössung des Splints ein Hervordringen des Harzgehaltes erfolgen würde; von dessen Zurückhaltung die Dauerhaftigkeit dieser Holzarten zum Theil abhängt.

Beschlagen des Bauholzes.

Das Beschlagen des abgestämmten Holzes geschieht gewöhnlich gleich, nachdem der Baum gefällt und abgewipfelt ist, um die Austrocknung des Holzes zu beschleunigen. Es ist zu diesem

Zwecke hinlänglich, wenn die runde Oberfläche des Stammes bis zu $\frac{1}{3}$ abgenommen wird, in welchem Falle die Breite einer behauenen Seitenfläche genau dem Halbmesser, oder beinahe dem sechsten Theile der Peripherie, gleich ist.

Einige Baumeister * glauben, dass es unzweckmässig sey, wenn das Bauholz vor dem Gebrauch zu sehr austrockne, und dadurch an Stärke verliere. Wenn man aber bedenkt, dass Holz doch endlich einmal völlig austrocknen muss, so ist wohl kein Grund vorhanden, warum man das Austrocknen, wofern die Umstände es erlauben, nicht so schnell als möglich bewerkstelligen solle.

Die wesentlichsten Umstände, welche beim Beschlagen des Holzes zu berücksichtigen sind, um es für verschiedene Zwecke möglichst tauglich zu machen, sind bereits S. 54 und 55 erwähnt worden.

Fernere Bemerkung über das Beschlagen des Bauholzes für verschiedene Zwecke des Bauwesens, im Vortrage.

* Gilly Handbuch der Landbaukunst. Th. I. S. 46.

Grundsätze, nach welchen sowohl der gesunde als kranke Zustand der Bauhölzer beurtheilt werden kann.

Die Güte des noch stehenden Baumes ist nie so sicher zu beurtheilen, als wenn derselbe bereits gefällt, und aus dem gröbsten behauen ist.

Die Kennzeichen eines gesunden Baumes, der noch auf dem Stamme steht, besonders bei Laubhölzern, sind folgende.

Ein kraftvolles, frisches, üppiges Ansehen aller einzelnen Theile, und frisch, gesund aussehend regelmässige dichte Kronen, ohne blätterlose und dürre Zweige.

Ein lebhaft grünes, vollkommen ausgebildetes Laub, vorzüglich am äussersten Ende der Krone, und spätes Abfallen des Laubes im Herbste.

Ein gerader Wuchs, vorzüglich bei Nadelhölzern — bei Laubhölzern, nur eine sanfte Krümmung, und nirgends auffallend schnell abnehmende Dicke des Stammes, bei jungen und mittelmässig starken Bäumen eine glatte, lebhaft frische, und ziemlich gleichfarbige, runzelfreie ungefleckte Rinde und Abwesenheit von Moosen, Flechten, so wie von Insekten, welche in denselben zu nisten pflegen. Bei ältern und ausgewachsenen Stämmen, deren Rinde folglich gröber und dicker ist, ein saftiges, reines und lebhaftes Ansehen der Grundfläche zwischen den Furchen der Rinde.

Ein heller Klang, wenn der Baum auf der Südseite an einer von der Rinde entblössten Stelle, mit einem hölzernen Schlägel stark angeschlagen wird.

Kennzeichen zur Beurtheilung eines fehlerhaften Baumes.

Eine zusammengedorrte, runzlichte, gespaltene, und mit vielen Querrissen durchschnittene Rinde, welche sich unten, gegen die Wurzel zu, leicht abbrechen lässt, und unter der Rinde wohl gar ein milbicht zerfressenes Ansehen hat. Unvollkommen ausgebildete blassfarbige Blätter, eine abgestorbene dürre Krone, und ungewöhnlich frühes Abfallen der Nadeln oder Blätter.

An Nadelhölzern, Narben, Harzbeulen, Erhöhungen auf der Rinde am Stamme, die zuweilen mit kleinen Reisern besetzt sind, — Spuren kleiner oder grösserer Spalten und Höhlungen zwischen den Theilungen der Hauptäste; lange, an dem Stamme herunter laufende, strickförmige Streifen, und weisse oder rothe Flekken auf der Rinde. Eine widernatürliche verkrüppelte Form des Baumes.

Sehr grosse, wildwachsende Laubholz-Bäume sind höchst selten durchaus vollkommen fehlerfrei. Ob ein Baum, der durch seine Grösse, verbunden mit trocknen Aesten am Wipfel, vermuthen lässt, dass er kernfaul zu werden anfange, wirklich an dieser Krankheit leide, kann man durch das Anbohren desselben bis auf den Kern dicht über der Wurzel ausmitteln, denn Bäume, welche ohne äussere Verletzung bloss Alters halber absterben, werden zuerst am Stammende kernfaul. Bei Nadelhölzern und allen weichen Laubhölzern, wird zuvor der ganze Kern auf 10 bis 20 Fuss hoch, roth und mürbe, ehe die Fäulniss eintritt.

Fehlerhafte Beschaffenheit des beschlagenen Bauholzes.

Eine doppelte Splintlage, oder ein Ring von unausgebildetem unreifen Holze, welcher den Kern des Baumes umgiebt, ausser dem gewöhnlichen unter der Rinde liegenden Splinte.

Ein unvollkommner Splint, der nicht um den ganzen Baum geht — oder eine blaugefleckte, ungemein weiche Splintlage. Eine windschiefe Beschaffenheit des Holzes; diese äussert sich dadurch, dass die Holzfasern eine schlangenförmig gedrehte Richtung in der Länge haben, welches der beschlagene Schaft dadurch zu erkennen giebt, dass er von aussen genau betrachtet spiralförmige Adern hat, die sich gleichsam wie gedreht von unten hinauf in die Höhe winden — solches Holz wirft sich beträchtlich, wenn es der Sonne ausgesetzt ist.

K e r n s c h a l i g k e i t des Holzes, d. h. wenn zwei oder mehrere Holzlagen oder Jahresringe, entweder immer auf einer Seite, oder in der ganzen Peripherie des Schafts, getrennt sind.

Ein struppiger Wuchs, wenn nehmlich der Baum nur kurz, unförmlich dick und von unten hinauf in viele Aeste verwachsen und das Holz folglich kantig und kernästig ist, welches vorzüglich bei Nadelhölzern statt findet. Aestiges Holz, mit vielen und grossen Aesten, taugt deswegen nicht zu Diehlen, Bohlen und langen Balken, weil die Astflecke geneigt sind, herauszuspringen und ein Loch hinterlassen. In kurzen Baustücken ist dieser Fehler zwar unbedeutend, aber einem Brette schaden Aeste ungefähr eben so viel als eingebohrte und mit einem hölzernen Nagel wieder dicht verschlossene Löcher.

Wenn das Holz Kernrisse hat, welche sich im Kern, oder in der Nähe desselben befinden, und von da an sich durch die äussere Holzschichte verbreiten. Diese werden erst dann auffallend sichtbar, wenn der Holzstamm bis auf einen gewissen Grad ausgetrocknet ist. Wenn das Holz eine verhältnissmässige Dicke und schwammige Splintlage hat.

Maseriges Holz. Die Maser ist eine Abweichung und Verschlingung der Holzfasern, welche sich zu einer Knospe absondern. Es entsteht oft durch eine Verletzung von Insekten in der ersten Jugend des Baumes, auf die Einwirkung des Frostes, und aus andern Ursachen. Es hindert gewöhnlich den Wachsthum des Baumes. Das schöne Ansehen des maserigen verarbeiteten und polirten Holzes giebt einigen Holzarten einen grossen Werth, vorzüglich die starken Maserstücke, welche auf der Stelle entstehen, wo die Wurzeln des Baumes sich zu einem Stamme vereinigen. Die Maser der Nadelbäume ist unbrauchbar, weil sie voller Harz ist. Ueberhaupt ist aber der Maserfleck immer eine fehlerhafte Beschaffenheit des Holzes, weil er die Holzfibern unterbricht und daher wegen seiner grössern Ausdehnung noch nachtheiliger ist als Aeste. Besonders ausgeschnitten, braucht man den maserigen Theil des Holzes mit Vortheil zu Zapfenklötzen im Maschinenbaue; auch suchen die Müller Rüster- und Birkenmaser zu Getriebscheiben und zu Büchsen an ihren Mühlstämmen.

Krummgewachsene Stämme können in manchen Fällen mit Vortheil benutzt werden. Ein aufrecht gekrümmter Balken trägt mehr als ein gerader von gleicher Stärke. Für Magazine zu grossen Dachverbänden und Hangewerken kann man solche Balken oft mit Vortheil anwenden. Auch werden sie zum Schiff- und Mühlenbau mit Vortheil benutzt.

Bauwissenschaftliche Eintheilung des Bauholzes nach seiner Grösse, Gestalt und Anwendung.

Säge- oder Schneide-Blöcke

nennt man den untersten Theil eines Baumstammes. Die Stärke der Sägeblöcke ist sehr verschieden, sie haben eine Länge von 12 bis 18 Fuss und halten im Durchmesser 2 bis 3 Fuss.

Gebrauch. Werden zu Bohlen, Brettern und Latten verschnitten.

Starkes Bauholz

nennt man Stämme, welche 40 bis 50 Fuss lang und 10 bis 14 Zoll am Wipfelende dick sind.

Gebrauch. Zu Brückenbalken, Hängerämen, zum Schleusenbau, zu Ueberfällen und

Wehren, zu Sprengwerken, Rosten, zu Trägern und Unterzügen und wo es auf ausserordentliche Festigkeit besonders ankommt. Holz von noch grösseren Abmessungen nennt man extra starkes Bauholz.

Mittel Bauholz

ist 36 bis 40 Fuss lang und 8 bis 9 Zoll im Zopfende stark.

Gebrauch. Zu Balken, Streben, Pfosten, Säulen in Gebäuden, die nicht besonders belastet werden, zu Bändern, Rahmstücken, Eckstielen, Riegeln, Sparren.

Kleines Bauholz

ist 30 bis 36 Fuss lang und 6 bis 7 Zoll im Zopfende stark.

Gebrauch. Zu Sparren, Schwellen, Kehlbalken, Dachwerken auf Häusern von geringer Tiefe, und anderen Verbandstücken.

Rüst- und Bohlstämme

nennt man diejenigen jungen Nadelholzbäume, die noch etwas länger und auch gewöhnlich schwächer ausfallen als kleines Bauholz.

Lattstämme

sind etwa 25 bis 30 Fuss lang und 3 bis 5 Zoll stark im Zopfende. Sie werden entweder an den Seiten etwas behauen, oder rund gelassen und dann gespalten.

Gebrauch. Zu Rüststangen, Leiterbalken, zum Belegen der Brücken, zu Latten für Rohr- und Strohdächer.

Rindschäliges oder schwammiges Bauholz. Man spaltet daraus Lehmstakhölzer.

Bohlen, Dielen und Bretter.

Bohlen nennt man in hiesigen Gegenden solche Bretter, die 3 bis 4 Zoll stark sind. Sie sind gemeiniglich nur 12 bis 20 Zoll breit und 14 bis 24 Fuss lang.

Planken oder Dielen sind $\frac{3}{4}$, 1 bis $1\frac{3}{4}$ Zoll stark und eben so verschieden breit und lang wie die Bohlen.

Halbe Spundbretter sind wenigstens $1\frac{1}{2}$ bis $1\frac{3}{4}$ Zoll stark.

Einzolliges Holz nennt man Schaalbretter, $\frac{5}{4}$zolliges, Tischlerbretter, $\frac{1}{2}$ bis

$\frac{3}{4}$zolliges Kistenbretter. Diese Benennungen des Holzes sind jedoch in verschiedenen Theilen von Deutschland verschieden.

Kennzeichen der Güte der Bohlen und Bretter.

Sie müssen aus gesundem Holze, auf beiden Seiten vollkommen eben und ohne alle Absätze geschnitten seyn. Sie müssen durchaus eine gang gleichförmige Stärke und wenig Splint haben, und möglichst astfrei seyn, vorzüglich an den Seiten.

Sie dürfen keine Risse, Sprünge und Klüfte, weder auf den beiden Kernseiten, noch in dem Kerne selbst, und auch keinen doppelten Splint und blaue Flecke haben.

Bretter, welche grösstentheils aus Kernholz bestehen, haben den Vorzug, dass sie dem Wurmfrasse weniger unterworfen sind, weniger Wasser einsaugen und folglich von längerer Dauer sind. Sie müssen geradeschlächtig seyn, d. h. die Holzfasern müssen gerade gehen. Haben die Fibern eine krumme oder schiefe

Richtung, so nennt man sie windschäliges oder überspanniges Holz. Solche Bretter sind für Tischlerarbeiten nicht brauchbar, weil die davon gemachten Sachen sich windschief ziehen; für grobe Arbeiten sind sie anwendbar.

Erinnerung an die Regeln der Stereometrie in Beziehung auf die für den Geschäftsmann zweckmässigste Art und Weise, den körperlichen Inhalt eines rohen Baumstammes zu bestimmen; und Erläuterung der Regeln durch Beispiele beim Vortrage.

Forstwissenschaftliche Eintheilung der Wald-Bäume, welche bei uns Bau-, Nutz- und Werkholz liefern.

Nadelhölzer.

Unterscheidungs-Kennzeichen der Nadelhölzer.

Sie haben spitzige dunkelgrüne Blätter, Nadeln genannt, die sie nicht, wie es bei Laubhölzern der Fall ist, einmal im Jahre regelmässig gegen den Winter verlieren. Die Blätter fallen nur einzeln nach und nach ab, und werden durch andere sogleich wieder ersetzt. Der Lärchenbaum macht einzig eine Ausnahme davon. Dieser Baum wirft gleich den Laubhölzern, seine Nadeln im Herbste ab, die erst im folgenden Frühjahre durch andere ersetzt werden. Auch dadurch unterscheiden sich die Nadelhölzer von den Laubhölzern, dass sie an der Achsel oder im Grunde jedes Blattes keine Knospe haben.

Der Wuchs der Nadelhölzer ist in der Regel schnurgerade und gleichförmig, gegen die

Wipfel zu verjüngt. Auch haben Nadelholz-Bäume verhältnissmässig sehr schwache Aeste, und diese wachsen sperrig, zum Theil ganz niederhängend. Im Dickicht sterben die unteren Aeste ab. Der Stubben eines gefällten jungen Nadelholzbaumes schlägt nie wieder aus; während im Gegentheil die Stubben der meisten Laubhölzer Wurzelschossen treiben.

Das Nadelholz macht bei weitem den grössten Theil unseres Bauholzes aus.

Vorzeigung der einheimischen Nadelholzarten welche als Bauholz gebraucht werden beim Vortrege.

Die Weisstanne.

Edeltanne.

Pinus abies Linn.

Die Weiss- oder Silbertanne ist fast auf allen Gebirgen des südlichen Deutschlands die vorwaltende Baumart. Sie erreicht unter allen Bäumen unseres Vaterlandes die grösste Höhe, und zwar im geschlossenen Stande eine Höhe von 140 bis 170 Fuss und drüber, mit einer Stammstärke von 3 auch wohl 5 Fuss im Durchmesser. Der Baum wächst fast immer schnurgerade, und kann über 300 Jahr alt werden, obgleich er in 100 bis 130 Jahren völlig ausgewachsen ist.

Das Weisstannenholz hat eine reine, schön weisse, sehr wenig in's Gelbliche spiegelnde Farbe, die aber, wenn der Baum auf einem feuchten Boden stehet, mehr in's Blassröthliche spielt. Das Holz ist fein, langfaserig.

Gebrauch. Die Weisstanne giebt herrliche Schiffsmasten und Segelstangen, die sehr elastisch sind. Man gebraucht es zu allen Arten von Bauhölzern, die nicht der abwechselnden Nässe und Trockenheit ausgesetzt sind. Da es weniger harzhaltig als viele andere Nadelhölzer ist, so leidet es schnell im Freien; und an feuchten Orten wird daher seine Organisation bald zerstört.

Zu Balken, Sparren, Brettern und Bohlen zerschnitten, liefert es das beste Holz zu Anfertigung der Fussböden und anderer Gegenstände im Innern der Gebäude, und die Güte des Holzes wird noch dadurch erhöhet, dass die Bretter wenig asthaltig sind, und ihre weisse Farbe dauerhaft behalten.

Die Verfertiger musikalischer Instrumente verwenden dieses Holz, mit Vortheil, zu Resonanzböden, Violinen, und weil es sich leicht und dünn spalten lässt, so gebraucht man es häufig zu Sieb-Rändern und Schachteln aller Art.

Ein Kubikfuss trockenes Weisstannenholz wiegt 29 bis 31 Pfund.

Die Kiefer.
Kiene.
Pinus sylvestris L.

Die Kiefer, Kiene, Föhre oder der Kienbaum, ist im nördlichen Deutschland eines der nützlichsten Bauhölzer und bildet sehr ausgedehnte Waldungen. Sie erreicht ein Alter von 120 bis 140 Jahren, eine Höhe von 80 bis 120 Fuss bei einem Durchmesser von 2 und mehreren Fuss. Der Wuchs des Kienbaumes in geschlossenem Stande ist schlank, und fällt in der Dicke nach oben nur allmälig ab. Im 80sten oder 90sten Jahre liefert er schon starkes Bauholz.

Das junge Kiefernholz hat eine gelbe Farbe und weissen Splint, das reife Holz fällt in's

Röthliche. Es hat auffallend starke Jahrringe, die gewöhnlich mit einem durchsichtigen Harze durchdrungen sind.

Gebrauch. Der Kiefernbaum liefert sehr schöne Balken und Gesparren. Das Kiefernholz ist eines der härtesten Nadelhölzer und ziemlich elastisch, jedoch spröder als Tannen- und Fichtenholz. Zu Trägern, Schwellen, Rahmstücken und überhaupt zu dem ganzen Oberbau eines Gebäudes ist es gut geeignet; selbst an feuchten Orten und im Wasser hat es eine beträchtliche Dauer. Zu Bohlen und Brettern geschnitten, dient es zu allen Arten von Tischlerarbeiten, die Bretter sind sehr dauerhaft im Freien, vorzüglich wenn sie mit Harz durchdrungen sind; solche Bretter hingegen taugen nicht an Stellen, welche der Hitze ausgesetzt sind, wie z. B. gegen die Mittagsseite.

Ein Kubikfuss harziges trocknes Kiefernholz wiegt 39 bis 41 Pfund. Das frische harzige Holz vom Kern wiegt 47 bis 48 Pfund.

Die Weymouthskiefer, *Pinus Strobus L.*

ist in Nordamerika einheimisch. Sie hat einen geraden und in der Jugend ausserordentlich schnellen Wuchs. In 80 bis 100 Jahren ist der Baum 100 bis 140 Fuss hoch und 3 bis 4 Fuss und darüber im Durchmesser.

Das Holz ist weiss, und ziemlich feinfaserig, nicht sehr fest, wenig elastisch, und lässt sich glänzend bearbeiten. Es hat einen angenehmen Geruch.

Gebrauch. Die Weymouthskiefer liefert die grössten Schiffsmasten und Segelstangen. Es ist ein sehr gutes Bauholz im Trockenen, und wird als ein vortreffliches Stabholz geschätzt.

Ein Kubikfuss frisches Holz wiegt 30 bis 36 Pfund.

Die Zirbelkiefer, *Pinus Cembra L.*

ist die gewöhnlichste Nadelholzart auf den Alpen, zunächst der ewigen Schneedecke, und kommt in kalten Ländern ausserordentlich gut fort. In milderen Himmelsstrichen gedeiht die Zirbelkiefer minder gut. In Deutschland wird sie weniger gebaut. Der Baum wird von 80 bis 100 Fuss hoch, wächst sehr langsam und erreicht ein Alter von 120 bis 160 Jahren.

Das Holz ist weiss, ziemlich fest, aber wenig zähe.

Gebrauch. Wie die Weiss- oder Edeltanne.

Ein Kubikfuss frisches Holz wiegt 26 bis 33 Pfund.

Die gemeine Fichte.

Pinus Picea Du Roi.

Die Fichte ist der gemeinste Waldbaum im nördlichen Deutschland, sie wächst im 100. bis 120sten Jahre zu einer Höhe von 80 bis 100 Fuss, und 2 bis 3 Fuss im Durchmesser. Man hat Fichten gehauen, die über 200 Jahr alt und dennoch vollkommen gesund waren.

Das Fichtenholz hat eine röthlichgelbe Farbe, der Kern ist etwas geadert. Es hat eine ziemlich dicke mit Harz durchdrungene, Holzrinde.

Gebrauch. Als Bauholz das immer im Trockenen bleibt, ist Fichtenholz von längerer Dauer als Tannenholz; es stockt und verfault dagegen bald in abwechselnder Nässe und Trockenheit. Wenn es immer unter Wasser stehet so hält es sich ausserordentlich gut, wie Venedig und Amsterdam davon Beweis geben, wo es zu Grundpfählen, zu Rosten u. s. w. verbraucht war.

Ein Kubikfuss trockenes Fichtenholz wiegt 24 bis 33 Pfund.

Die weisse Fichte.

Pinus alba L.

Im nördlichen Amerika, vorzüglich in Canada, findet man Waldungen die ganz aus Weissfichten bestehen. Im nördlichen Deutschland trifft man nur hier und da einzelne Bäume von dieser Holzart an. Das Holz ist weiss, schwer, fest und ziemlich elastisch.

Gebrauch. Wie die Weistanne.

Ein Kubikfuss wiegt 30 bis 33 Pfund.

Der Lärchenbaum.

Lärche.

Pinus Larix L.

Er ist nicht sehr allgemein im nördlichen Deutschland. Sein schlanker Wuchs und seine kurzen dünnen Aeste geben ihm ein schönes Ansehen. Er erreicht eine Höhe von 80 bis 100 Fuss und ansehnliche Stärke. Seine Rinde schwitzt beständig einen beträchtlichen Antheil von Harz aus. Er hat unter allen Nadelhölzern das schnellste Wachsthum.

In Schlesien, Polen, Oesterreich, Tyrol, in der Schweitz, in Sibirien kommt der Lärchenbaum ausserordentlich gut fort und erreicht ein Alter über 200 Jahre. Schon im 60sten bis 80sten Jahre liefert er Baumschäfte von 80 bis 100 Fuss Höhe und von 2 Fuss und darüber im Durchmesser.

Die Farbe des reifen Stammholzes ist bräunlichroth, zuweilen gelbroth und geflammt, nach der Verschiedenheit des Bodens, worauf der Baum gewachsen ist.

Gebrauch. Unter allen Nadelhölzern ist das Lärchenbaumholz das nützlichste Bauholz, weil es ausserordentlich elastisch, dicht und zähe ist. Tischler versichern, dass es von keinem Wurme angegriffen wird, es wirft sich sehr wenig und wird nicht leicht rissig. In der Luft, in der Erde und im Wasser ist es ausserordentlich dauerhaft und im Wasser fast unvergänglich. Es ist unter allen Nadelhölzern das festeste und ganz vorzüglich zu Balken, zu Trägern, zum Dachwerke, zu Schwellen geeignet. In der Wasserbaukunst wendet man es zu Pfählen, zum Schiffbau und überhaupt zu allen Baustücken an, wo Nässe und Trockenheit mit einander abwechseln. Als Schnittholz zu Bohlen, Brettern u. s. w. ist es ebenfalls sehr tauglich.

1 Kubikfuss trockenes Lärchenbaumholz wiegt 39 bis 41 Pfund.

Laubhölzer.

Unterscheidungs-Kennzeichen der Laubhölzer.

Sie haben alle mehr oder weniger breite und deutlich gerippte Blätter, welche im Herbst oder Winter abfallen und im Frühjahre durch neue ersetzt werden. An der Basis des Blattes haben sie eine Knospe.

Im Allgemeinen sind die Stämme der Laubhölzer nicht so regelmässig als die der Nadelhölzer, und nicht so kreisförmig gerundet. Der Schaft eines Laubholzbaums nimmt gemeiniglich über der Wurzel schnell, höher am Stamme aber nur langsam ab, und theilt sich in der Regel unter spitzen Winkeln in grosse Aeste. Grosse Laubholzbäume liefern öfters noch über den ersten Aesten 12 bis mehrere Fuss starkes Bau- oder Nutzholz; während die Nadelhölzer von da an aufwärts nur äusserst ästiges, dünnes Brennholz liefern.

Vorzeigung der einheimischen Laubholzarten, welche als Bauholz benutzt werden, im Vortrage.

Die Sommereiche.

Stieleiche.

Quercus foemina L.

Die Sommereiche wächst durch ganz Deutschland. Die Eicheln hängen an langen Stielen zu 2 bis 3 mit einander verbunden und ihre Gestalt ist beinahe walzenförmig. Der Baum wird 100 bis 130 Fuss hoch, mit einem Umfange von 5 bis 16 Fuss und darüber und erreicht seine Vollkommenheit in ungefähr 160 Jahren; doch kann er unter günstigen Umständen mehrere hundert Jahre alt werden.

Eichenholz hat eine bräunlichrothe Farbe, es ist zähe, fest, lässt sich leicht spalten, sehr glatt und eben bearbeiten, und nimmt eine Politur an.

Gebrauch. Es gibt kein Bauholz bei dem sich mehrere Vortheile zu grossen Bauwerken aller Art vereinigen, als das Eichenholz. Wo ausserordentliche Stärke und Dauer erforderlich ist leistet es vortreffliche Dienste. Es kann selbst abwechselnde Nässe und Trockenheit sehr gut vertragen, und unter Wasser erhält es eine fast unzerstörbare Dauer.

Es ist aber nöthig, zu bemerken, dass, da Eichenholz vor seinem Gebrauche selten gehörig austrocknen kann, welches für starkes Bauholz mehrere Jahre erfordern würde, man es folglich nicht zu solchen Baustücken mit Vortheil werde anwenden können, an welchen das Werfen des Holzes besonders nachtheilig werden könnte. Zu Balken, Trägern, und überhaupt wo das Holz in freier horizontaler Lage grosse Lasten tragen soll, ist es weit unbrauchbarer als Kiefernholz, weil es fähig ist, sich durch sein eigenes Gewicht krumm zu ziehen. Zu Streben, Säulen und zu allen Arten vertikal stehender Hölzer ist es wegen seiner grossen Festigkeit sehr tauglich, und zum Schiffbau verdient es vor allen anderen Hölzern den Vorzug.

Zu Wellen, zu Wasserrädern, Stirn- und Kammräderkränzen, zu Schraubenmüttern in Pressen, zu Eisböcken, zu Schleusen und Brükken-Jochen, zu Brau- und Brennerei-Bottichen, zu Tonnen, Fässern, Eimern, Krippen, Radfelgen, Speichen, Naben und vielen andern Geräthschaften ist es das zweckmässigste Holz.

In hiesigen Gegenden findet das Eichenholz die häufigste Anwendung in der Baukunst, für die Verfertigung der Fensterrahmen, wozu aber das Holz mit der grössten Sorgfalt gewählt werden muss, indem das geringste Quellen und Werfen hier sehr nachtheilig wird. Für diesen Zweck wird es, durch Einsumpfen in Wasser, so viel wie möglich von dem Gerbestoffe und andern in Wasser auflöslichen Bestandtheilen befreiet. Auch wird es zu Meubeln und andern Tischlerarbeiten benutzt.

Ein Kubikfuss trocknes Eichenholz wiegt 47 bis 50 Pfund.

Die Wintereiche,
Traubeneiche,
Quercus Robur L.

oder Steineiche. Diese Eiche erhält ihren Namen deswegen, weil ihr Laub und ihre Blüthe später ausbricht, als das Laub der Sommereiche. Man kann sie leicht dadurch dass die Eicheln derselben auf den Zweigen zu liegen scheinen, oder vielmehr sehr kurze Stiele haben und traubenförmig meist zu zwei bis vier, auch

bis zu zwölfen, neben einander sitzen, von der Sommereiche unterscheiden.

Die Wintereiche erreicht mit 200 bis 250 Jahren ihre Vollkommenheit bei einer Höhe von 80 bis 120 Fuss und einer Dicke von 6 bis 20 Fuss im Umkreise. Auch diese Eiche ist unter unseren Laubhölzern sehr gemein.

Die Farbe des Holzes ist röthlichbraun, es ist mehr brüchig als das Holz der Sommereiche.

Gebrauch. Wie das der Sommereiche.

Ein Kubikfuss des trockenen Holzes wiegt 46 bis 50 Pfund.

Die Rothbüche,
Gemeine Büche,
Fagus sylvatica L.

oder Mastbüche; in allen Gegenden von Europa wild, ist einer der ansehnlichsten und stärksten Waldbäume. Sie erreicht eine Höhe von 80 bis 100 Fuss, bei 5 bis 8 Fuss im Umfange, und übertrifft zuweilen, jedoch selten, die Eiche an Stärke. In gutem Boden und bei günstiger Lage wird sie noch höher und stärker, und ist in 120 bis 140 Jahren ausgewachsen.

Das Büchenholz hat, wenn es jung ist, eine weisse Farbe, mit dem Alter des Baumes wird es röthlichbraun. Es ist nicht sehr fest, hat viele beträchtlich grosse und glänzend braune Spiegelfasern. Die äusseren Holzschichten einer jeden Jahreslage sind vorzüglich dicht und etwas dunkler gefärbt als der übrige Theil der Jahresringe.

Das gemeine Büchenholz ist überhaupt ein dichtes, hartes und festes Holz, welches nicht aufreisst und sich schön und glatt bearbeiten lässt, zeigt aber dessen ungeachtet die glänzenden Spiegelfasern etwas erhaben.

Gebrauch. Als Bauholz hat es wenig Werth. Der Witterung ausgesetzt, hält es sich nicht lange, es schwindet beträchtlich und wird leicht von Würmern angegriffen. Brauchbarer ist es im Wasser, vorzüglich zu Grund- und Spundpfählen, welche aber der allgemeinen Erfahrung gemäss angewendet werden müssen, wenn das Holz noch grün und saftig ist, weil sie sich sonst krumm ziehen.

Als Nutzholz wird es zu Stellmacher-, Drechsler-, Bötticher-, Müller- und Stuhl-Arbeiten

beiten gebraucht, weil es nicht leicht aufreisst. Die Gewehrschäfte der Preussischen Armee werden aus rothbüchenem Holze gemacht. Auch verfertigt man daraus Tische, Stühle, Eimer, Rollen, Walzen, Stampfen und Oelmühlen-Pressen, Drechselbänke, Schrauben und mehrere Geräthschaften.

Ein Kubikfuss trockenes Büchenholz wiegt 44 bis 56 Pfund.

Die Kastanien-Buche,
Fagus castanea L.

wird seit einiger Zeit in Deutschland, besonders am Harz bei Wernigerode, auch bei Meissen und an anderen Orten, gezogen. Es ist ein ziemlich rasch wachsender Baum. Die Früchte dieses Baumes nennt man hier in Berlin Maronen.

Der Baum ist im südlichen Europa einheimisch. Er wächst ziemlich schnell und erreicht in 60 bis 80 Jahren eine beträchtliche Höhe und Stärke.

Das Holz von der jungen Kastanien-Buche ist weiss, von älteren Bäumen gelbbraun; es ist hart und sehr dauerhaft und hat mit dem Eichen-

holze viele Aehnlichkeit. Es ist dem Angriff von Würmern nicht ausgesetzt.

Gebrauch. Wie Eichenholz.

Ein Kubikfuss trockenes Holz wiegt 39 bis 42 Pfund.

Der Hornbaum,
Weissbuche,
Carpinus Betulus L.

Hagebuche oder Hainbuche. Der gemeine Hornbaum gehört bei uns unter die niederstämmigen Baumarten. Er kommt in unseren Laubholzwaldungen überall häufig vor. Fast immer ist er ein etwas gekrümmter Baum, dessen Stamm 18 bis 20 Fuss hoch, und etwa bis 6 Zoll am Wipfel dick zu sein pflegt. Zuweilen, wiewohl sehr selten, erreicht er eine Höhe von 60 bis 80 Fuss, und 8 Zoll Wipfelstärke und ist gerade aufgewachsen. Hartig hat 150jährige Stämme hauen lassen, die noch vollkommen gesund waren und über 100 Kubikfuss Holz enthielten. Sie hatten eine Höhe von 18 bis 30 Fuss und etwa 6 Zoll am Wipfelende. Seine Vollkommenheit erreicht dieser Baum mit 70 bis 80

Jahren. Sie hat eine feinere Rinde als die Roth-Buche.

Das Holz ist weissgelblich, und hat beträchtlich dicke und breite Spiegelfasern. Das Kernholz alter Stämme ist braun gestreift, ausserordentlich hart, fest, zähe und hat eine grosse, über das ganze Holzgewebe verbreitete, Dichtigkeit. Es lässt sich glatt und schön bearbeiten und springt und reisst nicht leicht auf.

G e b r a u c h. In der Baukunst ist der Gebrauch dieses Holzes sehr begrenzt. Im Trokkenen hält es sich zwar ziemlich gut, aber der Witterung ausgesetzt und in der Feuchtigkeit hat es keine Dauer.

Bei'm Maschinenbau, und für die Anfertigung aller Bauwerk-Geräthschaften und Handwerkszeuge, deren Anwendung Zähigkeit erfordert, leistet es vortreffliche Dienste. Man verfertigt auch daraus Radfelgen, Hebebäume und Radspeichen. Zu Dreschflegeln, Gestellen und grossen Walzen, Rollen, Stampfen, Kammpressen und für Tischler-, Wagener- und Drechsler-Arbeiten ist es sehr zu empfehlen. Das Kernholz ist das zäheste.

Man entrindet, spaltet und verarbeitet das Weissbüchenholz gleich nach dem Fällen aus dem Rohen, weil es sich, wenn es austrocknet, sehr schwierig behauen und verarbeiten lässt. Es nimmt eine glatte Politur an.

Ein Kubikfuss des trockenen Holzes wiegt 50 bis 53 Pfund.

Die gemeine Erle.
Else.
Alnus glutinosa L.

Die gemeine Erle oder Eller wächst in ganz Europa, vorzüglich an den Ufern der Bäche. Sie erreicht ihre Vollkommenheit mit 40 bis 60 Jahren, und hat dann bei sehr günstigen Umständen eine Höhe von 60 bis 70 Fuss und eine Dicke von 12 bis 16 Zoll. Auch hat man Erlen gefällt, die 13 Fuss im Umfange hatten.

Die Farbe des jungen Erlenholzes ist gewöhnlich weiss, das ältere oder reife Holz ist röthlich braun. Es hat breite Jahresringe, kleine Spiegelfasern, ein gleichförmiges Gefüge, ist nicht sehr hart und fest und nicht beträchtlich zähe.

Gebrauch. Als Zimmerholz im Trocknen hat es keinen Werth; es zieht und dreht sich, und stockt sehr leicht, wenn es der freien Witterung ausgesetzt ist; auch ist es dem Wurmfrasse sehr unterworfen, dagegen hält es sich in nassem Boden und unter Wasser ausserordentlich gut und wird mit Vortheil zu Pilotagen und anderen Grundarbeiten benutzt. Zu Grundpfählen und Rostschwellen, bei welchen das Wasser abwechselnd steigt und fällt, taugt es aber dessenungeachtet nicht, sondern nur zu solchen Bauwerken, die ganz in morastigen Boden eingeschlagen sind und Schwellen tragen, die mit der Luft nicht in Berührung kommen.

Zum Ausbohlen der Viehställe, Düngerbehälter und zu Einpflasterungen der Kloake und Abzugskanäle kann es mit Vortheil gebraucht werden. Als Nutzholz wird es verwendet zu Holzschienen, auch benutzen es die Tischler und Drechsler und Schnitzarbeiter.

Ein Kubikfuss trockenes Erlenholz wiegt 38 bis 43 Pfund. Ein Kubikfuss frisches Holz wiegt 47 bis 50 Pfund.

Die weisse Erle,
Weisse Else,
Alnus incana L.

oder weisse Eller. Diese in Preussen, Schweden, Oestreich, in der Schweitz und in mehreren anderen Ländern wachsende Holzart erreicht in 50 bis 60 Jahren eine Höhe von 60 bis 70 Fuss, bei einer Stärke von 2 bis 3 Fuss im Durchmesser. Das Holz ist etwas weisser und fester als das der gemeinen Erle.

Gebrauch. Es wird hier bei uns von Tischlern zu allen Arten von Meubeln verarbeitet, lässt sich gut hobeln, leicht beitzen und nimmt eine ziemlich gute Politur an.

Ein Kubikfuss des trockenen Holzes wiegt 38 bis 43 Pfund.

Die Ulme.
Rüster.
Ulmus campestris. L.

Die glatte Ulme oder Feldrüster wächst in ganz Europa wild, vorzüglich in niedrigen feuchten Gegenden. In geschlossenen Revieren

erlangt sie in achtzig bis hundert Jahren ihre Haubarkeit, eine Höhe von 60 bis 90 Fuss, und einen ansehnlich starken Stamm.

Ulmenholz ist in der Jugend gelblich weiss, im Alter röthlich braun, gefleckt, geadert oder geflammt. Der Splint ist gelblich weiss. Es ist feinfaserig, fest, ziemlich zähe, lässt sich spiegelglatt bearbeiten und erhält dadurch ein schön gewässertes Ansehen. Es wirft sich fast gar nicht, wird von keinem Wurme beschädigt und verträgt die Abwechselung der Trockniss und Nässe sehr gut.

Gebrauch. Besonders zum Maschinenbau, zu Stellmacherarbeiten, zu Radspeichen, Naben, zu Ackergeräthschaften. Auch gebraucht man es häufig zu Mühlwellen und Wasserrädern, die Gewehrschäfter benutzen es anstatt des Wallnussbaumholzes.

Die Flatter-Ulme,
Flatter-Rüster,
Ulmus effusa L.

kommt überall in Deutschland, Frankreich und in anderen Ländern, unter den glatten Ulmen

zerstreuet vor, und erhält eine gleiche Höhe und Stärke wie diese, aber ihr Wuchs ist langsamer und ihr Stamm ist gemeiniglich höckerig und knorrig. Ihr Holz ist fest, dicht und fein geadert.

G e b r a u c h. Zu Tischler-, Drechsler- und Gewehrschäfter-Arbeiten.

Ein Kubikfuss des trockenen Holzes wiegt 40 bis 45 Pfund.

Die Esche,

Fraxinus excelsior L.

wächst in ganz Europa mehr oder weniger wild. Der Eschenbaum hat einen schlanken Stamm, erreicht in 70 bis 80 Jahren eine Höhe von 80 bis 100 Fuss und 2 bis 3 Fuss im Durchmesser.

Das Holz vom jungen Eschenbaume hat eine weisse Farbe, bei älteren Bäumen wird es gelblich und das Kernholz beinahe braun, es ist ausserordentlich zähe, geradspaltig und gut zu hobeln. Es hat breite Jahresringe, kleine Spiegelfasern und ziemlich weite Saftgefässe, fast wie Eichenholz. Das junge Holz ist zuweilen geadert und geflammt und hat einen Seidenglanz. Es lässt sich glatt bearbeiten.

Gebrauch. Zu Drechsler-, Wagener-, Stellmacher, Böttcher- und Rademacher-Arbeiten, zu Deichseln, Achsen, Naben, Felgen, Speichen, Rungen, Rollen, Handleitern, Fassbänden, Schubkarren, zu Ackergeräthschaften aller Art. Das geflammte Holz wird bei Tischlern zu Haus- und Wirthschaftsgeräthschaften verarbeitet; zum Häuserbau ist es zu kostbar.

Ein Kubikfuss trockenes Eschenholz wiegt 45 bis 47 Pfund.

Die Sommer-Linde,
Weiche Linde,
Tilia europaea L.

gehört zu den stärksten Bäumen Europa's, und ob sie gleich in 100 bis 150 Jahren ihren Wachsthum vollendet, eine Höhe von 80 bis 100 Fuss und einen Umfang von 6 bis 9 Fuss erreicht; so kann sie doch über 400 Jahr alt und so stark werden, dass ihr Umfang zuweilen 20 bis 25 Fuss hält. Das Holz ist weiss und leicht. Es lässt sich ausserordentlich gut und glatt bearbeiten und auch leicht über den Span oder schräg durch die Richtung der Holzfasern schnei-

den. Es kann sehr gut polirt werden, weil es, ungeachtet seiner Weiche, eine durchaus gleichförmiges Gefüge hat. Es wirft sich nicht leicht, auch wird es nicht leicht wurmstichig. Es hat aber nur im Trocknen Dauer; in feuchter Witterung und unter Wasser wird es bald zerstört.

Gebrauch. Zu eigentlichem Zimmerholze taugt es nicht wegen seiner Weiche. Es schickt sich vorzüglich gut zu Schnitzwerkarbeiten, zum Formschneiden. Die Bildhauer, Instrumentenmacher und Drechsler wenden es häufig an, weil es sich gut schnitzen und stechen lässt. Von den Tischlern wird es zu Meubeln, besonders zu Stühlen, verarbeitet.

Ein Kubikfuss des trockenen Holzes wiegt 36 bis 40 Pfund.

Die Winter-Linde,
Tilia parvifolia Hoffm.

kommt in Deutschland viel häufiger vor als die Sommerlinde. Sie erreicht eine Höhe von 60 bis 80 Fuss, einen Umfang von 4 bis 6 Fuss und vollendet ihren Wachsthum in 150 bis 200 Jahren.

Das Holz ist grobfaseriger als das der Sommerlinde, fester und zäher, und hat eine mehr ins Graue fallende Farbe.

Gebrauch. Wie der, der Sommerlinde.

Ein Kubikfuss des trockenen Holzes wiegt 40 bis 42 Pfund.

Die weisse Birke,
Betula alba L.

ist einer der gemeinsten und dauerhaftesten Waldbäume in ganz Europa. Der Baum hat in der Regel einen schräg aufwärts gekrümmten Schaft. Der untere Theil des Stammes hat auf 16 bis 20 Fuss Höhe oft eine beträchtliche Dicke. Sie wächst oft 60 bis 80 Fuss hoch. Die Aeste kommen unter sehr spitzigen Winkeln hervor und sind sehr schlank. Sowohl der Boden als auch das Alter geben dem Birkenholze bald eine weisse, bald eine mehr ins Röthliche spielende Farbe. Es hat breite Jahresringe, kleine Spiegelfasern und ist sehr zähe. Es ist sehr geeignet, sich zu werfen, wird leicht von Würmern zerfressen, und ist selbst im Trocknen nicht sonderlich dauerhaft. Es ist oft sehr maserig.

Gebrauch. Als Bauholz hat es wenigen Werth; zu Ackergeräthschaften, Radfelgen und kleinen Rädern, zu Getriebscheiben und Schnitzarbeiten und zu Gewehrschäften ist es anwendbar. Tischler benutzen das maserige Birkenholz zu Meubeln.

Ein Kubikfuss trockenes Birkenholz wiegt 38, frisches Holz wiegt 43 Pfund.

Die wohlriechende Birke,
Betula odorata Bechst.

kommt nur in wenigen Theilen Deutschlands als Waldbaum, mit der weissen Birke vermischt, vor, vorzüglich in Thüringen. Sie hat einen mehr sperrigen Wuchs, erreicht das Ziel ihres Wachsthums in 50 bis 60 Jahren und eine Höhe von 60 bis 80 Fuss. Die Rinde ist an jungen Bäumen rothbraun, mit Weiss punktirt; ausgewachsene Stämme haben eine schöne weisse und aufgesprungene Oberhaut.

Gebrauch. Wie bei der weissen Birke. Das Holz ist nicht so fest und mehr grobfaserig als das Holz der weissen Birke.

Ein Kubikfuss trocknes Holz wiegt 36 bis 40 Pfund.

Die Zitterpappel.

Aespe.

Populus tremula L.

Diese Pappel ist durch ganz Europa verbreitet, sie kommt in unseren Holzungen häufig vor und erreicht eine Höhe von 60 bis 70 Fuss und darüber. Sie wächst schnell und vollendet ihren Wachsthum in 70 bis 90 Jahren.

Das gesunde reife Holz hat eine schönweisse Farbe, ist weich, aber etwas härter als Lindenholz und zäher als Birkenholz. Es hat dicke Jahrringe, kleine feine Spiegelfasern und überhaupt ein gleichförmig dichtes Gefüge. Zuweilen ist es geflammt, oder geadert, und hat dann ein gewässertes Ansehen.

Gebrauch. Als Zimmerholz ist es nicht brauchbar. Man benutzt es zu Drechsler- und Tischler-Arbeiten, zur Verfertigung der Bilderrahmen, Modellir- und Schnitzwerk-Arbeiten. Die weissen und im Trocknen sehr dauerhaften Bretter der Zitterpappel geben schöne Täfelung und Fussböden in Zimmern. Das Reissholz wird zu Faschinen benutzt.

Ein Kubikfuss trocknes Holz wiegt 34 bis 38 Pfund.

Die schwarze Pappel,
Populus nigra L.

wächst in ganz Deutschland, vorzüglich an den Ufern der Flüsse und in feuchtem Boden. Sie wird 60 bis 80 Fuss hoch, hat eine ansehnliche Stärke und vollendet ihren Wachsthum in 40 bis 50 Jahren.

Gebrauch. Wie das Holz der Zitterpappel. Man benutzt es gern zu Mulden und Backtrögen; weil es nicht zum Werfen und Aufreissen geneigt ist.

Ein Kubikfuss trocknes Holz wiegt 36 bis 40 Pfund.

Die Italienische Pappel.
Populus Italica Mönch.

Diese eigentlich in Italien einheimische Pappel wird häufig zur Anpflanzung von Alleen angewandt, so dass sie jetzt bei uns als verwildert angesehen werden kann. Sie wächst überaus schnell zu einem ziemlich starken Baume.

Gebrauch. Wie die schwarze Pappel. Das Holz ist etwas fester und härter, allein weniger zähe.

Ein Kubikfuss trocknes Holz wiegt 36 bis 38 Pfund.

Der gemeine Ahorn.

Acer Pseudo-Platanus L.

Dieser Baum wächst fast in ganz Europa wild. Er erreicht in 60 bis 80 Jahren eine Höhe von 100 Fuss und 1½ bis 2 Fuss im Durchmesser, ob er gleich zuweilen viel älter (150 bis 200 Jahr), viel höher und stärker wird.

Das Holz ist vortrefflich weiss, hart, fest, und feinfaserig, lässt sich gut und schön glatt bearbeiten, und ist seidenartig geflammt, oder geadert.

Gebrauch. Vorzüglich als Werk- und Nutzholz für Wagenmacher, Instrumentenmacher, Formen- und Bildschnitzer. Auch verarbeiten es die Tischler für Hausgeräthe. Als Bauholz hat es keinen besonderen Werth.

Ein Kubikfuss trocknes Holz wiegt 36 bis 38 Pfund.

Der Feldahorn,
Acer campestris L.

wächst in ganz Europa, gewöhnlich aber nur als ein Strauch, jedoch erreicht er bei günstigen Umständen auch eine Höhe von 20 bis 40 Fuss und von 1 bis $1\frac{1}{2}$ Fuss im Durchmesser. Er wächst sehr langsam, und wird über 150 Jahre alt.

Das Holz vom jungen Baume ist gelblich weiss, das völlig ausgewachsene hat eine bräunliche Farbe. Es ist sehr zähe und hart, fest und feinadrig. Es lässt sich unter dem Hobel spiegelglatt bearbeiten und nimmt eine schöne Politur an, zuweilen ist es schön geflammt, oder gemasert. Es ist wenig geneigt sich zu werfen und aufzureissen, und hält sich gut im Freien.

Gebrauch. Das gewundene, knotige, maserige und geflammte Ahornholz wird von Tischlern zu Meubeln verarbeitet, das Maserige zu Pfeifenköpfen, Dosen und Peitschenstielen. Die jungen Schösse dienen zu Pfeifenröhren.

Ein Kubikfuss trockenes Holz wiegt 39 bis 43 Pfund.

Der weissblühende Schotendorn.

Unechte Akazie.

Robinia Pseudo-Acacia L.

Dieser Baum stammt aus Nordamerika her, und ist bei uns seit mehreren Jahren einheimisch geworden. Er wächst sehr schnell und erreicht oft in 30 bis 40 Jahren eine Höhe von 60 Fuss, bei einem Umfange von 6 Fuss.

Das Holz hat gewöhnlich eine grünlich gelbe Farbe und ein feinfaseriges Gefüge. Es ist oft mit feinen röthlichen Adern durchzogen, welche mit den Jahren mehr auffallend werden. Es ist hart und fest.

Gebrauch. Wenn die Akazien gehörig ausgewachsen und gesund sind, so gebraucht man das Holz mit Nutzen als vortreffliches Bauholz. Es dient zu Schwellen und Pfosten, vorzüglich aber zu Wagener-, Drechsler- und Tischler-Arbeiten. Es hält in allen Witterungen gut aus, und ist weder der Fäulniss, noch dem Wurmfrass, unterworfen. Nach dem völligen langsamen Austrocknen wird es ausserordentlich hart, nimmt eine schöne Politur an, reisst aber

leicht auf, wenn es nicht ausserordentlich langsam austrocknet.

Ein Kubikfuss trockenes Holz wiegt 34 bis 38 Pfund.

Der Wallnussbaum.
Juglans regia L.

Dieser aus Persien stammende Baum ist jedermann bekannt.

Das Holz vom jungen Wallnussbaume ist weich und weiss, der ausgewachsene Baum ist gelb und liefert ein festes, fein- kurzfaseriges, hartes, röthlichgelbes Holz. Zuweilen hat es eine dunkelbraune Farbe. Es ist oft geflammt und gemasert, lässt sich leicht und sauber bearbeiten, schön poliren und auf der Drechselbank drehen. Es ist ausserordentlich dauerhaft; die Wurzelstücke sind schön geflammt.

Gebrauch. Zu Gewehrschäften und feinen Tischler- und Drechsler-Arbeiten.

Ein Kubikfuss trocknes Holz wiegt 38 bis 40 Pfund. Frisches Stammholz wiegt 45 bis 48 Pfund.

Die Rosskastanie.

Aesculus Hippocastanum L.

Jedermann kennt den gemeinen Kastanienbaum, der ursprünglich im nördlichen Asien zu Hause ist, aber jetzt überall in Europa gut fortkommt. Er wächst sehr schnell mit einem geraden Stamme, erreicht eine Höhe von 60 bis 80 Fuss, mit einer Stärke von 2 bis 3 Fuss und darüber.

Das Holz dieses Baumes ist weich, faserig, leicht; das junge Holz ist schwammig. Es hat eine weisse Farbe, nach dem Kerne des Baumes zu wird es braun, auch wohl geflammt.

Gebrauch. Wird nicht als Bauholz benutzt. Es dient jedoch den Modellirern, Drechslern und Bildhauern wie das Lindenholz, nur wird es sehr leicht stockicht. Auch wird es von Tischlern zu kleinen Meubeln verarbeitet.

Der Buchsbaum,

Buxus sempervirens L.

wächst im südlichen Deutschland, theils als Baum, zu 10 bis 20 Fuss Höhe, theils auch

nur als Strauch; erreicht oft eine Dicke von 6 bis 8 Zoll im Durchmesser.

Die Farbe des Buchsbaumholzes ist blassgelb; es ist mit schönen sehr feinen Adern durchzogen, nimmt eine gute Politur an, und ist das schwerste unter allen europäischen Holzarten. Das stärkste und beste Buchsbaumholz kommt aus Spanien.

Gebrauch. Zu Flöten und verschiedenen anderen Blasinstrumenten. Zu mathematischen Instrumenten, Spulen und feinen Drechsler- und Tischlerarbeiten.

Ein Kubikfuss trockenes Holz wiegt 50 bis 54 Pfund.

Die wilde Kirsche,
Prunus Cerasus L.

wächst in Deutschland 20 bis 40 Fuss hoch, mit einer Stammstärke von 6 bis 8 Zoll und darüber im Durchmesser. Das Holz ist gemeiniglich schön röthlich, zuweilen gestreift. Es ist fest, hart, feinadrig und lässt sich gut bearbeiten.

Gebrauch. Zu feinen Tischler- und Drechslerarbeiten.

Ein Kubikfuss trockenes Holz wiegt 40 bis 43 Pfund.

Der wilde Birnbaum,
Pyrus communis L.

wächst in ganz Europa. In seinem natürlichen Zustande erreicht der wilde Birnbaum in 80 bis 100 Jahren eine ansehnliche Höhe und Stärke. Man hat Stämme gefällt, die 18 Zoll im Durchmesser stark waren.

Das Holz des ausgewachsenen Baumes ist röthlich gelb, sehr hart, fest, gleichförmig dicht, und beträchtlich zähe. Es lässt sich spiegelglatt bearbeiten, und ist nicht sehr zum Werfen geneigt.

Es ist öfters ausserordentlich schön geflammt und geadert. Es nimmt eine gute Politur an.

Gebrauch. Zu Holzschnitzer-Arbeiten, Modellen, Druckformen und zu feinen Tischler- und Drechsler-Arbeiten.

Ein Kubikfuss trockenes Holz wiegt 38 bis 43 Pfund.

Der wilde Apfelbaum.

Holzapfel.

Pyrus malus comm. L.

Das Holz hat gemeiniglich eine rothbraune Farbe, zuweilen ist es schön geflammt. Es ist fest, aber weniger gleichförmig dicht als das Holz des wilden Birnbaumes.

Gebrauch. Zu Bilderrahmen, Uhrkasten, und allerlei Drechsler-, Tischler- und Bildschnitzer-Arbeit.

Ein Kubikfuss trockenes Holz wiegt 32 bis 38 Pfund.

Die gemeine Pflaume.

Schwetsche.

Prunus domestica L.

Das Holz dieses jedermann bekannten Baumes ist gelblich, auch röthlich weiss, gegen den Kern zu ist es gemeiniglich rothbraun, und gestreift oder geadert. Es ist feinfaserig, hart, dicht, und fast ohne Splint.

Gebrauch. Zu Tischler- und Bildschnitzer-Arbeiten aller Art.

Ein Kubikfuss trockenes Holz wiegt 39 bis 43 Pfund.

Stärke der Bauhölzer.

Absolute Stärke verschiedener einheimischen Bauhölzer.

Es ist für die Baukunst von grosser Wichtigkeit, zu wissen, wie stark oder wie schwach die Theile verschiedener Holzarten zusammen hängen, weil sich hieraus ihre Zweckmässigkeit für verschiedene Theile des Bauwesens in mehreren Fällen beurtheilen lässt.

Das Verfahren, vergleichende Versuche über die absolute Stärke der Bauhölzer anzustellen, bestehet darin, dass man prismatische oder cylinderförmige Holzstücke von gleicher Stärke und Länge vertikal an einem Ende einspannt, und an das andere Ende so viel Gewichte oder andere Kräfte anbringt, bis das Holzstück zerreisst. Das angehängte Gewicht um so viel vermehrt, als das abgerissene Stück selbst wiegt, ist das Maass der absoluten Stärke des Holzes. Im strengsten Sinne des Worts ist es zwar etwas grösser, als der Zusammenhang der getrennten Theile, man kann es aber bei der praktischen Anwendung für das Maass der absoluten Haltbarkeit annehmen, wenn man das an das Holz angehängte Gewicht vorsichtig in kleinen Unterschieden allmählich hinzufügt. Am besten thut man, dass man das zum Zerreissen erforderliche Gewicht anfänglich bestimmt, und es durch einen zweiten genaueren Versuch verbessert.

Die Erfahrung hat gelehrt, dass die absolute Stärke bei völlig gleichartigen Körpern sich verhält, wie die zu trennenden Flächen, weil, wenn der Querschnitt des Körpers n mal so gross ist als der eines anderen, auch im ersteren n mal so viel Massentheile zu zerreissen sind, als im zweiten, wozu n mal so viel Kraft gehört.

Ist die Grösse des Querschnitts eines Körpers da, wo die Trennung erfolgt, $= a$, und die Kraft, welche das Zerreissen desselben bewirkt, $= k$, so muss derselbe Körper, wenn dessen Querdurchschnitt g heisst, durch die Kraft $P = \frac{gk}{a}$ zerrissen werden können.

Verschiedene Umstände haben Einfluss auf die absolute Festigkeit der Körper. Ist das Gefüge des Körpers blätterig, so macht es einen Unterschied, ob das Zerreissen in der Richtung der Flächen der Blätter geschehe, oder senkrecht auf die Blätterfläche.

Ist die Richtung der trennenden Kraft mit der Richtung der Fasern des Körpers parallel, wie es z. B. bei Holz der Fall ist, oder senkrecht auf die Flächen derselben, so wird der Widerstand im ersten Falle grösser seyn.

Bei Versuchen dieser und jeder anderen Art über die Stärke der Hölzer nimmt die Theorie das Gefüge der Massentheile in jedem Stücke Holz als gleichartig an, indem sie das Stück Holz als aus gleichlaufenden Fasern zusammengesetzt betrachtet, welche völlig gleichartig um die Achse des Holzes vertheilt sind und dem Zerreissen folglich mit gleicher Gewalt widerstehen. Dieses ist aber keinesweges der Fall. Die Querfasern des Baumstammes, welche durch dessen jährliches Wachsen gebildet werden, und die Jahresringe ausmachen, S. 59, können wie eben so viele, sich in einander befindliche, hohle Cylinder angesehen werden, die durch das markige Zellgewebe des Holzes mit einander verbunden sind, so dass jede cylindrische Röhre allein der Gewalt widerstehen muss, welche sie zu zerbrechen strebt.

Um einen Baumstamm vierkantig zu beschlagen, müssen vier cylindrische Segmente vom Splintholze des Stammes heruntergehauen werden, das Kernholz und die ersten concentrischen Holzlagen bleiben unverletzt, die übrigen Jahresringe des Holzes werden durchschnitten und bestehen alsdann nur aus Theilen von cylindrischen Ringen, die gegen die vier Seiten des beschlagenen Stammes immer abnehmen. Es bestehet also ein vierkantig beschlagener Balken aus einem vollen Cylinder von Holze, dessen organische Struktur unverletzt ist, und aus vier winklichen Theilen des Baumstammes, die aus jungen und weniger festem Holze, dessen Organisation zerstört ist, gehauen sind.

Folglich ist es klar, dass bei jeder Bearbeitung eines Balkens alle diejenigen Holzröhren, deren Durchmesser grösser sind, als der des am quadratischen oder rechteckigen Querschnitte des Balkens beschriebenen Kreises, an den Seiten zerschnitten werden.

Die nach den Winkeln zu liegenden Theile der cylindrischen Jahresringe des Holzes vermehren freilich etwas wenig die Festigkeit des Cylinders, da sie der die Spannung hervorbringenden Kraft einigen Widerstand entgegen setzen müssen, aber dieser Widerstand ist weit geringer, als wenn die Hölzer noch ganz wären. Es lässt sich daher bei einer gehörigen Vergleichung die Festigkeit eines aus einem kleinen Baume geschnittenen Balkens, nicht genau aus den Versuchen ableiten, welche mit einem anderen von denselben Abmessungen angestellt wurden, der aus einem grösseren Baumstamme geschnitten ist.

Auch haben die Jahresringe nicht alle eine gleiche Festigkeit. Die ältesten sind die härtesten, welches ebenfalls der Theorie zuwider ist.

Versuche haben ferner bewiesen, dass dieselbe Holzart bei einerlei Gestalt und Abmessung viel stärker ist, als eine andere, ja dass bei Stücken desselben Baumes Verschiedenheiten in dieser Hinsicht bemerkt werden.

Schneidet man ein langes überall gleich dickes, Stück Holz, in drei oder vier Theile von gleicher Grösse, so zeigen diese Theile verschiedene Grade der Festigkeit.

Junge Stämme im stärksten Wachsthume haben oft viel stärkern Splint als ausgewachsene Baume, und ihr unreifes lockeres Holz ist besonders im Wipfelende kaum besser als der Splint eines alten Baumes.

Holz von Aesten eines Baumes ist allemal viel schwächer als Kernholz. Die grösseren Aeste geben festeres Holz als die kleinen. Holz ist ebenfalls schwächer, so lange es noch frisch ist, und am festesten, wenn es trocken geworden ist. Aeste im Holze schwächen es.

Ist das Holz über dem Span geschnitten, was beim Sägen oft vorkommt, so wird es dadurch um so viel schwächer, je stärker der Schnitt über dem Span geschehen ist.

Das stärkste Holz ist weder in der Mitte noch am äussersten Theile *, sondern zwischen beiden. Bei europäischen Holzgattungen befindet es sich an der Nordseite des Baumes.

* Youngs Natural Philosophy. Vol. I. p. 149.

Angestellte Versuche über die absolute Stärke verschiedener Arten einheimischen Bauhölzer, und Resultate derselben.

Aeusserst schätzbar sind die Versuche, welche Eytelwein über die absolute Stärke der bei uns einheimischen Hölzer, welche zum Bauen gebraucht werden, angestellt hat. Jedes Holzstück war als ein Parallelepipedum geschnitten und erhielt eine solche Gestalt, dass der mittlere zum Zerreissen bestimmte Theil, ein Parallelepipedum von sechs Zoll Länge bildete, dessen Querschnitt ein Quadrat war, von welchem jede Seite einen halben Zoll Länge hatte.

Bei'm Bearbeiten dieser Hölzer wurde mit der grössten Sorgfalt darauf gehalten, dass die Holzfasern durchgängig parallel mit einer der Seitenflächen des Holzes waren, so dass man nach der Kunstsprache auf zwei entgegenstehenden Seiten den Holzspiegel hatte. War bei einem solchen Holzstück der Spiegel oder die glatte Holzfaser durchschnitten, welches bei gleich unmerklichen Längenkrümmungen öfters der Fall war, so wurde das Holz als untauglich verworfen.

Eytelwein wählte zu den Versuchen nur Hölzer aus einheimischen Forsten, welche schon zwei Jahre gefällt und trocken aufbewahrt waren, an welchen man weder Aeste noch sonst einen Tadel finden konnte. Besonders wandte man alle Aufmerksamkeit an, nur solche Holzstücke zu zerreissen, bei welchen durchgängig die Fasern für parallel mit der Seitenfläche gelten konnten.

Jedes Holzstück, sobald es aufgehängt war, wurde nach und nach mit einer grössern Kraft angespannt, und wenn die Krafs bis auf 1000 Pfund vermehrt war, liess man die Vorrichtung mit dieser Spannung wenigstens eine Stunde ruhig stehen; alsdann vermehrte man die Kraft wiederholt um zehn Pfund, liess aber allemal erst einige Minuten verstreichen, ehe eine neue Zulage von Gewichten erfolgte. Man vermied alle Erschütterungen, bis der Bruch erfolgte.

Die folgende Tabelle liefert die Resultate dieser Versuche für Querschnitte von einem Quadratzoll preussisch.

	Pfunde.
Apfelbaumholz	10018
Birnbaumholz	11158
Büchenholz. (Rothbüchen)	22360
Eichenholz, (Sommereichen) vom Kerne	26600
Eichenholz zwischen Kern und Splint	21940
Eichenholz vom Splinte	14760
Eichenholz, (Wintereichen)	22120
Erlenholz	24740
Eschenholz	21488
Fichtenholz, s. Rothtanne	10920
Hohlunderholz	10547
Hornbaumholz	20400
Kiefernholz, vom Kerne	21400
Kiefernholz, vom Kerne und harzig	16160
Kiefernholz, zwischen Kern und Splint	20873
Kiefernholz, zwischen Kern und Splint, sehr harzig	12520
Kirschbaumholz, wildes	13978
Lindenholz	13870
Mispelbaumholz	12028
Nussbaumholz	14261
Pflaumbaumholz	11099
Rothbüchenholz s. Büchen	22360
Steineichenholz s. Wintereiche	22120

	Pfunde.
Tannenholz s. Rothtannen	10920
Tannenholz, Weisstannen	15400
Ulmenholz.	14857
Weidenholz	15709
Weissbüche s. Hornbaum	20400
Weissdornholz	18358

Die absolute Festigkeit des Eichenholzes ist nach Perronet's * Versuchen in dem Verhältnisse wie 300:358, oder beinahe wie 5 zu 6 geringer als die des Tannenholzes.

Nach Eytelwein** ist es rathsam, wenn es darauf ankommt, aus dem bekannten Maasse der absoluten Festigkeit eines Körpers diejenige Last zu bestimmen, welche er, wenn sie an ihn gehängt wird, mit Sicherheit tragen kann, bei Holzarten den dritten Theil (bei Metallen nur die Hälfte) der absoluten Festigkeit in Rechnung zu bringen. Sind die Körper, an welchen Belastungen aufgehängt werden, von beträchtlicher Länge, so muss, bei einem ansehnlichen specifischen Gewichte, das absolute Gewicht des Körpers mit in Rechnung gebracht werden.

* Ueber den Brückenbau.

** Statik. 2. B. S. 265.

Widerstand der Bauhölzer gegen das Zerbrechen.

Man wählt gemeiniglich zu Versuchen dieser Art Balken, die man in eine wagerechte Lage bringt, und dann die Kraft senkrecht darauf wirken lässt. Nun kann aber der Balken entweder an einem Ende eingefügt, und am andern freien Ende mit einem Gewichte belastet, oder er kann an beiden Enden befestigt seyn, oder mit beiden Enden auf Unterstützungen ruhen.

Die Kraft bringt die grösste Wirkung hervor, wenn sie im ersten Falle an dem freien Ende, im zweiten und dritten Falle in der Mitte thätig ist.

Ehe die Körper brechen, biegen sie sich, im Verhältniss der Krümmung, deren sie fähig sind; und der Bruch erfolgt erst, wenn die grösste Krümmung statt gefunden hat. Oefters findet die möglichst grosse Krümmung erst nach einer beträchtlichen Zeit statt, so dass der Bruch am Ende doch erfolgt. Der Zustand eines gekrümmten Balkens wird folglich sehr gefährlich, weil alsdann eine geringe Belastung vermögend ist, ihn tiefer zu biegen, wodurch er also unfehlbar brechen wird. Die Zeit muss demnach bei Versuchen dieser Art nicht aus der Acht gelassen werden.

Der Bruch des belasteten Balkens erfolgt auf verschiedene Weise. Der an dem einen Ende eingefügte bricht nahe an seinem festen Ende, der an beiden Enden auf Stützen gelegte bricht in der Mitte, der an beiden Enden eingefügte bricht an drei Orten.

Erfordert der Balken zum Zerbrechen im ersten Falle eine Gewalt = 10, so widerstehet er im zweiten Falle einer Kraft = 20, im dritten einer Kraft = 40.

Der Widerstand nimmt zu, je mehr sich der Neigungswinkel, den der Balken mit der Horizontal-Linie macht, dem rechten Winkel nähert.

Je breiter und dicker ein Balken ist, desto mehr widerstehet er dem Bruche; und je länger er ist, bei desto weniger Kraft bricht er.

Trägt ein Balken ein gewisses Maximum von Gewicht, ohne zu zerbrechen, so trägt er doppelt so viel, wenn er um die Hälfte verkürzt wird.

Ist die Breite der lothrechten Fläche eines wagerechten Balkens doppelt so gross als bei einem anderen, so ist der Widerstand des ersteren doppelt so gross als der des zweiten.

Haben zwei Balken gleiche Länge und Breite, so trägt der, welcher zweimal so dick als der andere ist, eine viermal so grosse Last.

Ist der Balken unter übrigens gleichen Umständen dreimal so dick, so leistet er neunmal, wenn er viermal so dick ist, einen sechszehn Mal so grossen Widerstand. Man drückt sich darüber so aus, dass man sagt, die Tragbarkeit zweier wagerechten Parallelepipeden von einerlei Materie gegen das Zerbrechen nimmt zu wie ihre Breite, und wie das Quadrat ihrer Dicke.

Man kann daher bloss durch die Abänderung des Querschnittes die Festigkeit der Körper vermehren.

Ein vierseitiges Prisma ist schwächer als ein Cylinder von gleicher Länge und Dicke.

Ein an einem Ende eingefügter wagerechter Körper leistet mehr Widerstand, wenn er gegen das andere Ende immer dünner wird, als wenn er bei demselben Rauminhalte durchgängig gleich dick wäre.

Ein hohler Cylinder leistet mehr Widerstand als ein solider von derselben Länge, der auch dieselbe Masse hat.

Angestellte Versuche über den Widerstand verschiedener Arten einheimischer Bauhölzer gegen das Zerbrechen und Resultate derselben.

Auch diese Versuche wurden von Eytelwein angestellt. Die Resultate derselben sind darum für das gemeine Leben vorzüglich wichtig, weil zugleich auf die Biegung der Hölzer, auf die Zeit, während welcher die Biegung gewirkt hatte, und auf die grösste Ordinate, bei der das Holz brach, Rücksicht genommen wurde.

In folgender, von Eytelwein entworfenen, Tabelle bedeutet *K.* Kern, *S.* Splint, und *M.* Mitte (d. h. dass das Holzstück aus der Mitte zwischen Kern und Splint genommen ist), *L.* heisst die respective Länge des Stückes (d. h. der Abstand der Unterlagspunkte), *H.* die Höhe,

B. die Breite, *T.* die Tiefe, zu der sich die Mitte des Holzes im ersten Augenblicke der Belastung senkte, *U.* die zuerst aufgelegte Last, sammt der Wagschale, und dem halben Gewichte des Holzes selbst in Pfunden, *W.* die grösste Ordinate, bei der das Holz zerbrochen ist, und *Z.* die gesammte Last welche das Holz zerbrochen hat. Alle Abmessungen sind in Zollmaassen ausgedrückt.

TABELLE.

Kiefernholz.

	L.	H.	B.	T.	U.	W.	Z.
S.	30	0,958	0,70	0,09	13	1,51	118
S.	30	1,02	0,812	0,36	80	1,68	109½
M.	48	1,028	1,146	1,28	128	3,51	226
K.	49	1,04	1,04	1,00	73	3,99	185
M.	50	1,229	1,222	0,59	73	3,70	283
M.	66	2,00	2,00	1,16	598	3,43	915
* M.	66	1,542	1,500	1,95	295	3,20	295
M.	66	1,60	1,60	0,76	112		
M.	66	2,04	1,958	1,54	681	2,82	850
S.	70	2,00	2,00	2,35	735	3,14	735
K.	72	1,50	1,458	1,89	239	4,50	404
M.	72	1,276	1,276	1,90	84		
M.	88	2,00	1,90	2,06	351	5,50	654

* Das Holzstück hatte einen Ast.

TABELLE.

Sommereichenholz.

	L.	H.	B.	T.	U.	W.	Z.
K.	48	1,18	0,89	0,60	85	3,70	370
S.	50	1,20	1,00	1,52	183	4,23	183
K.	66	1,50	1,50	1,66	295	4,58	454
M.	66	1,542	1,50	1,78	292	5,00	562
S.	66	1,96	1,46	1,59	515	3,29	515
M.	66	2,00	2,00	1,31	682	3,61	682
K.	66	2,08	1,46	1,12	570	3,11	785
M.	72	1,34	1,17	2,71	182		
* M.	84	2,00	2,00	2,09	352	6,12	544

Steineichenholz.

	L.	H.	B.	T.	U.	W.	Z.
M.	42	1,13	1,48	1,34	349	2,39	349
M.	56	1,50	1,50	0,83	240	4,12	516

Rothtannenholz.

	L.	H.	B.	T.	U.	W.	Z.
M.	46	1,208	1,208	1,10	128	2,70	185

Weisstannenholz.

	L.	H.	B.	T.	U.	W.	Z.
M.	48	1,00	1,00	1,38	101	3,20	150
M.	48	1 ,50	1,48	1,04	348	2,21	486

*. Das Holz war über den Span geschnitten.

TABELLE.

Rothbuchenholz.

	L.	H.	B.	T.	U.	W.	Z.
S.	32	0,82	1,00	1,15	164	2,50	210
M.	34	0,80	1,00	0,98	128	3,00	202

Weissbuchenholz.

	L.	H.	B.	T.	U.	W.	Z.
M.	42	1,00	1,07	1,32	156	3,09	212
M.	46	1,03	1,06	2,24	183	3,02	183

Erlenholz.

	L.	H.	B.	T.	U.	W.	Z.
M.	43	0,92	1,02	1,58	128	3,88	184
S.	43	0,95	1,00	2,00	156	3,28	156

Widerstand der Bauhölzer gegen das Zerknicken.

Um Versuche dieser Art anzustellen, wählt man gemeiniglich parallelepipedische oder cylinderförmige Stücke Holz. Dieselben werden lothrecht auf eine wagerechte feste Unterlage gestellt, die nicht weicht, und das oberste Ende wird mit Gewichten belastet, bis das Holz einknickt oder bricht.

Das Gewicht, welches erforderlich ist, um Holz zu zerknicken oder nach vorhergegangener Biegung zu zerbrechen, ist das Mass der rückwirkenden Festigkeit des Körpers, oder dessen Widerstand gegen das Zerknicken.

Holz und auch Metalle werden nur zerdrückt, wenn die Länge des Körpers gegen die Abmessung des Querschnitts desselben sehr klein ist. Solche Fälle kommen beim Bauwesen so gut als nie vor. Mit Steinen ist der Fall anders.

Je verhältnissmässig grösser die Höhe des Körpers ist, desto schwächer ist sein Widerstand.

Versuche haben gelehrt, dass sich der Widerstand senkrecht stehender Pfähle bei den meisten Holzarten gegen das Zerdrücken verhält, wie die Würfel der Dicke, multiplicirt mit der Breite und dividirt durch das Quadrat der Länge.

Sind die Querschnitte der Pfähle Quadrate, so verhalten sich die Belastungen, welche sie tragen können, wie die Biquadrate, von der Seite ihres Querschnittes, dividirt durch die Quadrate der Länge.

In gleicher Art verhalten sich die Lasten, welche runde Pfähle tragen können, wie die Biquadrate ihrer Durchmesser, dividirt durch die Quadrate ihrer Länge.

Ein Kegel, oder eine Pyramide, oder eine Kugel; leisten mehr Widerstand, alles übrige gleich gesetzt, als ein Cylinder, oder ein Prisma von derselben Höhe und demselben Rauminhalt.

Ein Parallelepipedum, dessen Basis ein Quadrat ist, leistet mehr Widerstand als ein gleich hohes Parallelepiped, von gleichem körperlichen Inhalt, dessen Basis ein Parallelogramm ist, und ein Cylinder von derselben Höhe und demselben Rauminhalt leistet noch mehr Widerstand.

Das Gefüge der Gleichartigkeit und Ungleichartigkeit der Körper hat aber auf das

Befördern oder Verhindern des Widerstandes Einfluss.

Die untern Theile einer Säule erleiden mehr Druck, als die obern Theile der Masse, vorzüglich wenn die Materie, woraus die Säule besteht, ein beträchtlich grosses specifisches Gewicht hat, je leichtartiger die Materie ist, eine desto grössere Höhe kann so eine Säule haben, ohne dass sie sich krümmt oder unter ihrer eigenen Last bricht.

Holz und dehnbare Metalle krümmen sich und brechen endlich. Die Ursache, dass sie sich krümmen, mag wohl zum Theil die seyn, weil es Schwierigkeit erfordert, sie absolut lothrecht aufzustellen, auch kommt es wohl von der Ungleichartigkeit ihrer Massentheile her.

Nähere Bemerkungen über diesen Gegenstand in Beziehung auf verschiedenartige Baumaterialien, beim Vortrage.

Vergleichende Versuche über den Widerstand verschiedener Arten Bauhölzer gegen das Zerknicken.

Diese Tafel ist von Eytelwein entworfen worden, die Abmessungen sind in Zollen, die Belastungen in Pfunden ausgedrückt.

Holzarten.	Länge des Holzstückes.	Breite des Holzstückes.	Dicke, oder die Seite des Rechteckes, nach welcher die Biegung erfolgt ist.	Last, unter welcher das Holzstück zerbrochen ist.
	Zoll.	Zoll.	Zoll.	Berliner Pfund.
Rothtannenholz.	48 48	0,51 0,70	0,51 0,70	68,1 238,3
Lindenholz.	48 48	0,50 0,71	0,50 0,71	53,8 217,3
Buchenholz.	48 48 48	0,49 0,60 0,70	0,49 0,60 0,70	43,2 74,9 154,0
Eichenholz.	48 48 48	0,50 0,60 0,70	0,42 0,80 0,70	21,1 38,0 90,7

Holzarten.	Länge des Holzstückes.	Breite des Holzstückes.	Dicke, oder die Seite des Rechteckes, nach welcher die Biegung erfolgt ist.	Last, unter welcher das Holzstück zerbrochen ist.
	Zoll.	Zoll.	Zoll.	Berliner Pfund.
Eichenholz.	18	0,23	0,23	24,2
	9	0,23	0,23	97,0
	8	0,23	0,23	124,4
	12	0,35	0,35	195,1
Eschenholz.	18	0,25	0,24	15,8
	6	0,25	0,24	139,2
	12	0,34	0,24	58,0
	9	0,34	0,24	105,4
	18	0,42	0,24	31,6
	11½	0,42	0,24	88,1
	11½	0,52	0,22	84,4
Lindenholz.	12	0,35	0,25	47,4
	11	0,35	0,25	57,0
	12	0,44	0,25	50,6
	11	0,44	0,25	50,6
	12	0,50	0,25	71,7
	11	5,50	0,25	84,4
	12	0,34	0,34	85,4
Kiefernholz.	12	0,42	0,25	83,3
	10	0,42	0,25	87,5
	12	0,34	0,34	143,4

Ausser Eytelwein haben Girard, Belidor, Parent, Telford, Bizos, Muschenbrök, Emmerson, Bank's und Brown, vergleichende Versuche über die Haltbarkeit mehrerer Bauholzarten angestellt.

Erhöhung der Festigkeit der Bauhölzer.

Zur Erhöhung der Festigkeit der Hölzer * trägt wohl am meisten bei: das gehörige Zeit vor dem Fällen zu unternehmende Entrinden des Baumstammes. Von den Eichen ist es bekannt, dass sie ausserordentlich an Festigkeit des Holzes gewinnen, wenn sie 1 bis 1½ Jahre vor dem Fällen bis zur Wurzel herab geschält werden; oder vielmehr so lange vor dem Fällen, dass der seiner Rinde beraubte Baumstamm bis zur Fällzeit vollkommen austrocknen kann.

Selbst der sonst mehr oder weniger weiche Splint erhärtet unter diesen Umständen, und eine 40jährige Eiche, welche beschriebenermassen vor dem Fällen behandelt wurde, erhielt die Festigkeit und Stärke des Zusammenhaltes ihrer Fasertheile, wie sie sonst nur bei 60jährigen Eichen gefunden wird.

* Kastner's deutscher Gewerbesfreund. 1815. S. 168.

Aufbewahrung des Bauholzes gegen Verderbniss.

Jedermann weiss, dass Bauhölzer an ihrer Güte verlieren und oft ganz untauglich werden, wenn sie lange dem Wechsel der Witterung ausgesetzt sind. Bleibt frisch gefälltes Holz eine lange Zeit unmittelbar mit der feuchten Erde in Berührung, so wird es stockig und verliert dadurch an Festigkeit.

Beschlagenes und geschnittenes Holz muss auf einem trockenen Grunde, nicht im Freien, sondern in bedachten, luftigen Schuppen, die einen freien Luftzug gestatten, aufbewahrt werden; das Holz auf Unterlagen ruhend, damit die Luft durchstreichen kann, und von Zeit zu Zeit muss dasselbe umgestapelt werden, indem die Stellen, wo es lange ohne Zutritt der Luft aufliegt, am ersten modrig und stockig werden. Gegen das Aufreissen sucht man die Hirnseitenden wider die unmittelbare Einwirkung der Luft zu schützen, indem man Mehlkleister darüber streicht und Papier überklebt, oder die Enden theert, oder mit Thonbrei bestreicht.

Bohlen und Bretter müssen, gleich nachdem sie geschnitten worden, der Länge nach auf einer Unterlage, von wenigstens einem halben Fuss Höhe, aufgeschichtet werden. Jedes einzelne Brett muss ferner an drei verschiedenen Stellen, nämlich an den beiden Enden und in der Mitte, auf einem zollhohen Querholze liegen und von Zeit zu Zeit umgestapelt, und die Seite welche vorher unten lag, nach oben gebracht werden.

Spaltiges Holz muss ebenfalls auf erhöhte Unterlagen gebracht, im Quadrat oder übers Kreuz gelegt oder aufgeschichtet werden; auch muss man es von Zeit zu Zeit umwenden.

Holz, welches zum **Grund-** oder **Wasser-Bau** gebraucht werden soll, muss mit der vollen Borke, unter Wasser versenkt, aufbewahrt werden. Beschlagene Balken werden anbrüchig, wenn eine Seite derselben lange über der Fläche des Wassers liegt, und trocken bleibt, indess die anderen Seiten beständig unter Wasser sind.

Eichenholz versenkt man zuweilen absichtlich unter Wasser, um es auszulaugen. Das fliessende Wasser löset den im Holze enthaltenen Gerbestoff, so wie die anderen auflöslichen Theile auf, und das Holz trocknet, wenn es wieder an die Luft gebracht wird, sehr leicht, und ohne merklich aufzureissen, aus.

Dauer der Bauhölzer, und Mittel die Dauer derselben zu befördern.

Holz mit seinen verschiedenen organischen Gefässen und Bestandtheilen, erleidet sich selbst überlassen, nach und nach wesentliche Veränderungen. Seine Organisation wird zerstöret, und es geht in Verwesung über; vorausgesetzt, dass Feuchtigkeit zugegen sey, und eine Temperatur, die nicht viel unter 45° F. ist, jedoch noch nicht so hoch, um dass schnell aller Wassergehalt des Holzes verdunste.

Die chemischen Veränderungen, welche die Fäulniss des Holzes unter solchen Umständen erleidet, ist noch keinesweges genau ausgemittelt. Aus den Versuchen einiger Chemiker geht zwar hervor, dass, wenn man feuchtes Holz der Luft aussetzt, ein Theil des Sauerstoffs der Atmosphämosphäre in Kohlensäure verwandelt werde; denn die Menge dieser Säure ist genau dem Raummasse des Sauerstoffes gleich, welcher verschwunden ist. Wird der Versuch in gesperrten Gefässen gemacht, so nimmt man ausser Kohlensäure kein anderes Gass wahr; allein an der freien Luft erleidet das Holz einen weit grösseren Gewichtsverlust, wozu der auf die angegebene Weise abgetrennte Kohlenstoff keinesweges hinreicht.

Diesen Verlust schreibt man dem Entweichen von Wasserstoff und Sauerstoff in dem Zustande von Wasser zu. Es müsste also die Menge des Kohlenstoffs in dem verrotteten Holze grösser seyn, als in demselben Gewichte frischen Holzes, welches keinesweges der Fall ist.

Erfolgt aber die Fäulniss des Holzes im Wasser, so dass der Zutritt der Luft abgehalten wird, dann wird das Holz weiss und leicht und enthält eine geringere Menge Kohlenstoff, als wenn es frisch ist.

Es wäre für das praktische Leben in vieler Rücksicht wichtig, die verhältnissmässige Dauer der Hölzer zu kennen; allein diese Kenntniss fehlt uns jetzt noch ganz. Wissen wir gleich aus Erfahrungen, dass diese und jene Holzart unter gewissen Umständen länger dauert als eine andere, so können wir doch nicht befriedigend erklären, woher es kommt, dass manche Holzart, die im Allgemeinen sehr lange zu dauern pflegt, zuweilen eine auffallend kurze Dauer hat, und dass auf der andern Seite manche Holzart, die gewöhnlich nur von kurzer Dauer ist, manchmal sich sehr lange hält, ohne Spuren der Fäulniss zu zeigen.

Hartig * sah bei'm Abreissen eines alten Hauses eine Wandschwelle von Espenholz (*Populus tremula*), die noch knochenhart war, und neben derselben lagen Stücke von Eichenholz, die schon stark angefault waren; in der Mauer eines verfallenen Schlosses fand er ein Stück Birkenholz eingeklemmt, das einige Jahrhunderte alt war und noch keine Spur von Fäulniss zeigte.

Wahrscheinlich trägt die Jahreszeit, in welcher das Holz gefällt, wird so wie auch der Bo-

* Versuch über die Dauer der Hölzer. S. 6.

den, worauf es gewachsen ist, und das Alter, in welchem es gehauen wurde, viel zur Bewirkung einer längeren oder kürzeren Dauer desselben bei.

Einige Hölzer sind durch ihren Harz-Gehalt gegen die Einwirkung der Luft und den Wurmfrass einigermassen mehr gesichert als andere, denen dieser Bestandtheil fehlt.

Die Erfahrung hat gelehrt, dass Holz, welches unter einer unveränderten Temperatur sich befindet und nicht der abwechselnden Einwirkung der Luft und Feuchtigkeit ausgesetzt ist, ungleich länger unverdorben bleibt, als wenn dies nicht der Fall war.

Holz, welches immer unter Wasser steht, hält sich weit länger als solches, welches nur von Zeit zu Zeit sich unter Wasser befindet. Selbst viele weiche Hölzer, welche fortwährend mit Wasser bedeckt sind, dauern sehr lange darin. Man gräbt aus Moorgründen, auf welchen erweislich seit Menschengedenken kein Holz gestanden hat, noch völlig feste Baumstämme aus.

Die Eiche widersteht ungefähr 50 bis 60 Jahre, die Kiefer etwa 20 bis 30 Jahre lang der stets abwechselnden Einwirkung von Feuchtigkeit und Trockenheit. Nach dieser Zeit sind Bollwerkspfähle und Schleusenwandständer auf dem Wasserwechsel, das ist innerhalb des Raumes, wo der Wasserspiegel steigt und sinkt, so ganz verrottet, dass sie schlechthin unbrauchbar werden.

Bauholz, besonders frisches saftiges Holz, wenn es mit Kalkmörtel in Berührung kommt und vermauert wird, wird vom Kalk stark angegriffen. Balkenköpfe, Mauerlatten, Träger und andere Hauptverbandstücke sollten demnach nicht mit Kalkmörtel in Berührung gebracht, sondern auf untergestrichenen Lehm gelagert, und an den Seiten und oben mit Ziegelsteinen in Lehm vermauert werden. Lehm ist jedoch ein weit schlechteres Verbindungsmittel als Kalkmörtel. Man glaubt, das vermauerte Holz durch starkes Betheeren gegen die zerstörende Wirkung des Kalkes zu sichern; die Erfahrung lehrt indessen nur zu oft, dass dieses Sicherungsmittel nicht hinlänglich sey, vorzüglich wenn man nicht völlig trockenes Holz zu den Verbandstücken genommen hat. Durch das Bestreichen mit Theer wird die in dem Holze noch enthaltene Feuchtigkeit noch mehr eingesperrt, und das Verstocken des Holzes dadurch defördert. Einige Baumeister verkohlen die Balkenköpfe, andere rathen an sie mit gewalzten Blei zu umkleiden, dieses ist jedoch ein kostbares Verfahren. Es sichert keineswegs gegen das Stocken des Holzes.

Auch feuchtes Erdreich zerstört die meisten Holzarten ungemein schnell. Die Dauer eines in die Erde gegrabenen Pfahles hängt nicht allein von der Güte des Holzes, sondern auch von der Beschaffenheit des Grundes ab.

In allen dichten Erdarten hält sich jede Holzart im Allgemeinen besser als in lockerem Erdreiche; in Lehm am besten, in Garten-, Acker- und Dammerde am schlechtesten. Deswegen gräbt man, wo man diese Arten Erdreich hat, die Löcher für die in den Grund zu setzenden Pfähle sehr weit aus und füllt sie mit dicht gestampftem zähen Lehm an.

Alles Holz, welches man in die Erde gräbt, sollte frei von Rissen und Astknoten seyn, weil in solche fehlerhafte Stellen sich das Regenwasser ziehen kann; es muss ferner trockene Erde so fest als möglich rings um das Holz eingestampft. und nach dem ersten starken Regen noch mit schweren Schlägeln möglichst stark nachgetrieben werden.

Es sind hier in Berlin, seit bereits mehreren Jahren, nach Hartig's* Angabe und unter seiner Aufsicht, Versuche eingeleitet, um einst bestimmt urtheilen zu können, in welchem Verhältnisse Holzarten unter sich und unter gleichen Umständen in Rücksicht auf Dauer stehen, ob und wie viel die Fällungszeit, der Boden, das Alter des Holzes, so wie auch vermeintliche Schutzmittel zur Förderung der Dauer des Holzes beitragen. Die Resultate dieser Versuche werden in der Folge zeigen, in was für einer Rangordnung die Holzarten in Rücksicht auf Dauer unter gleichen Umständen stehen; welche Schutzmittel die Dauer des Holzes befördern, und was für Holzarten zu diesem und jenem Gebrauche am nützlichsten anzuwenden sind.

* Versuche über die Dauer der Hölzer. 1822. S. 7.

Die Versuche, welche bisher über diesen Gegenstand angestellt wurden, haben in Hinsicht der Dauer der Hölzer folgende interessante Resultate gegeben: dass die Pfähle von allen Nadelhölzern, und die von Eichen und Acacien, sich bis jetzt ganz unverändert erhalten haben; wogegen aber die Pfähle von den übrigen Laubholzarten theils schon abgefault, theils mehr oder weniger stark angefault sind.

Zu den nach drei Jahren abgefaulten gehören: die Mastbuche, die Weissbuche, die Linde, die gemeine Birke, die Amerikanische schwarze Birke, der Amerikanische Silber-Ahorn, die gemeine Erle, die weisse Erle und die Espe.

Zu den nach vier Jahren abgefaulten aber gehören: die Weide, die Rosskastanie und der Platan.

Ferner hat sich ergeben: dass die mit der Rinde in die Erde gesetzten Pfähle der Fäulniss besser widerstehen, als die geschälten Pfähle; dass das blosse Anbrennen der Pfähle die Dauer derselben nicht merklich vermehrt; dass ein Anstrich mit Oelfarbe den in der Erde befindlichen Theil des Pfahles nur auf eine kurze Zeit schützt; dass das Tränken der Pfähle mit starkem Salzwasser, mit Leinöl und mit Holzsäuren ebenfalls das in der Erde stehende Holz nicht conservirt; dass mehrere, als sehr nützlich empfohlene Anstriche, die gehoffte Wirkung nicht thun; dass aber die zwei Linien dick angebrannten und drei- oder viermal mit warmen Theer aus Nadelholz oder aus Steinkohlen dick bestrichenen Pfähle die längste Dauer versprechen, da die auf diese Art behandelten Pfähle jetzt noch vollkommen fest und unverändert dastehen, obgleich Pfähle von denselben Holzarten, die mit keinen oder andern Schutzmitteln versehen waren, schon ganz abgefault sind. Endlich dass diejenigen Pfähle, welche mit Oelfarbe bestrichen, und mit Blech so beschlagen sind, dass 6 Zoll vom Bleche über der Erde und 8 Zoll davon unter der Erde sich befinden, bis jetzt von der Fäulniss nicht im mindesten gelitten haben.

Diesemnach erscheint das Anbrennen der Pfähle, wenn der Brand einen Fuss über und einen Fuss in die Erde kommt, und das öftere

Bestreichen der gebrannten Stelle mit Theer aus Nadelholz oder aus Steinkohlen als das beste, leichteste und wohlfeilste Mittel zur Vermehrung der Dauer des in die Erde gesetzten Holzes.

Die Unzerstörbarkeit des verkohlten Holzes war schon in den ältesten Zeiten bekannt. Der berühmte Tempel von Ephesus * war auf hölzernen Pfählen erbaut, die zu ihrer Erhaltung auf der äussern Seite verkohlt waren. In neuern Zeiten hat man in dem Bette der Themse, in der Nachbarschaft von London, eichene Pallisaden an der Stelle gefunden, wo Tacitus sagt dass die Britten eine Verpfählung gemacht hätten, um den Uebergang des Julius Cäsar mit seiner Armee zu verhindern. Die Pfähle waren in das Bett des Flusses zu einer beträchtlichen Tiefe eingerammt, und hatten nicht nur ihre Form vollkommen beibehalten, sondern waren auch durchaus unversehrt geblieben.

* Plinius Naturgeschichte. 36. Buch. §. 21.

Schutzmittel, Holz gegen das rasche Verbrennen zu sichern.

Der Prof. Fuchs in München hat einen Anstrich erfunden, * welcher unter den zahlreichen Vorschlägen, Holzwerk und andere Gegenstände gegen das rasche Verbrennen zu schützen, die Aufmerksamkeit des Publikums verdient. Der Anstrich ist leicht zu bereiten und nicht kostspielig. Die Körper erhalten dadurch einen glasartigen Ueberzug, welcher aus der Luft nicht nur keine Feuchtigkeit anzieht, sondern vielmehr der hart und spröde wird, und als eine Art Glasfirniss angesehen werden kann.

Die erste Anwendung dieses Glasfirnisses geschah beim Theater zu München, nachdem die feuerabhaltende Eigenschaft desselben zuvor von einer Commission war in dieser Hinsicht geprüft worden.

* Für diese Entdeckung erhielt der Prof. Fuchs eine goldene Medaille und 100 Stück Ducaten vom König von Baiern.

Die Basis dieses Schutzmittels ist eine Verbindung der Kieselerde mit Kali oder Natrum und zwar eine Verbindung, welche bis jetzt unbekannt war. Prof. Fuchs nennt diese Zusammensetzung Wasserglas. Der Chemiker Staberow * gibt folgenden Bericht über diesen Wasserglasfirniss.

Man bringt ein möglichst inniges Gemenge aus zwei Theilen von beigemengten Salzen möglichst reiner Potasche, drei Theilen sehr reinen Kieselsand, und $\frac{1}{15}$ Kohlenpulver in einem feuerfesten von dem Gemenge nur etwa bis zu $\frac{3}{4}$ angefüllt werdenden Tiegel zum Glühen, und unterhält letzteres fünf bis sechs Stunden, oder vielmehr so lange, bis das Gemenge, nachdem es sich Anfangs aufgebläht, nach und nach niedersinkend geschmolzen ist, und sich dadurch zu einer gleichartigen schwerflüssigen Masse vereinigt hat. Man schöpft diese sodann mittelst eiserner Löffel aus und beschickt den Tiegel sogleich wieder mit einem neuen Gemenge. Die fertige

* Berlinische Nachrichten von Staats- und gelehrten Sachen, 27. Sept. 1825. Auch in Dingler's Journal, Heft 4. Bd. XVII. 1825.

Masse kann als gut gerathen betrachtet werden, wenn sie vollkommen geflossen, gleichförmig, grauschwarz und, jedoch nur an den Kanten, durchscheinend ist, und sowohl rücksichtlich der Härte als des muschligen Bruchs dem gemeinen Glase gleich erscheint. Aus diesem rohen festen Wasserglase wird auf nachstehende Weise das flüssige bereitet.

Das rohe feste Wasserglas wird zu dem Ende gepocht, dann nach und nach in einen eisernen Kessel geschüttet, in welchen (etwa 5 Theile gegen 1 Theil Wasserglaspulver,) Wasser zum Sieden gebracht worden, und dann setzt man das Sieden mehrere Stunden oder vielmehr so lange fort, bis von dem Pulver nichts mehr aufgelösst zu werden scheint. Während dieser Zeit rührt man die Flüssigkeit durch einander und ersetzt das verdunstete Wasser von Zeit zu Zeit. Die an der Oberfläche der Flüssigkeit erscheinende Haut, so wie die stärkere Konsistenz der Lösung, können als Zeichen der vollendeten Arbeit betrachtet werden. Man giesst, sobald letztere bemerkt werden, den etwas erkalteten Inhalt des Kessels in ein schickliches

Gefäss, und lässt ihn in diesem, gegen die Luft geschützt, so lange ruhig stehen, bis das darin gewöhnlich noch in Menge vorhandene Wasserglas-Pulver sich vollkommen abgelagert hat, und die Lösung vollkommen klar erscheint, giesst dann die Letztere vorsichtig von dem Bodensatze ab, und bewahrt das dann fertige flüssige Wasserglas in wohl verschlossenen Gefässen auf. Den Rückstand kann man mit einer angemessenen Menge Wasser auf gleiche Weise behandeln, um dadurch noch eine Portion flüssiges Wasserglass zu erlangen. Die Eigenschaften des letzteren sind folgende:

Es stellt eine syrupartige, fast farben- und geruchlose, etwas alkalisch schmeckende und reagirende Flüssigkeit dar, deren spec. Gewicht sich zu dem des reinen Wassers wie 1,250 zu 1,000 verhält. Weiter abgedampft lässt es sich, eben so wie die sich bei'm Abdampfen bildenden Häute, gleich geschmolzenen Glase zu Fäden ziehen. Noch weiter abgedampft, so wie durch allmähliges Austrocknen, gehet es in die schon oben erwähnte glasartige in trockener Atmosphäre trokken bleibende Masse über.

Es überziehet alle in dasselbe getauchte oder damit bestrichene Körper mit einem firnissartigen Ueberzuge, welcher weder Wasser noch Kohlensäure anzieht, und daher an der Luft keine merkliche Veränderung erfährt; von kaltem Wasser wird derselbe fast gar nicht, vom kochenden aber nach und nach gelös't.

Wird es mit Erden, Metalloxyden und einigen Salzen vermengt, so entstehen ganz unauflösliche dreifache Verbindungen, und werden die von dergleichen Gemengen bewirkten Ueberzüge selbst vom kochenden Wasser wenig verändert, daher man mit denselben vorzugsweise die gegen die rasche Verbreitung des Feuers schützenden Ueberzüge zu machen hat.

Alle die genannten Eigenschaften zeigt auch das mit Natrum dargestellte Wasserglas, zu dessen Bereitung 2 Theile krystallinisches kohlensaures Natrum auf 1 Theil Kieselerde erfordert werden. Das mittelst Natrum dargestellte flüssige Wasserglas hat aber vor dem mit Potasche bereiteten den Vorzug, einen weniger reissenden und abspringenden Ueberzug zu gewähren. Mischungen aus dem letzteren und ersteren geben die haltbarsten Ueberzüge. Die Anwendung des flüssigen Wasserglases zu schützenden Ueberzügen erfordert einige Maasregeln, von deren Beachtung der gute Erfolg abhängig ist.

Diese bestehen nehmlich darin: dass man das zu dem ersten Ueberstreichen anzuwendende flüssige Wasserglas etwas verdünne; dass man das letztere nicht bloss oberflächlich aufstreiche, sondern dass man auf einer und derselben Stelle, den Pinsel etwas aufdrückend, mehrere Male hin und her fahre, um dadurch die Flüssigkeit in die Poren des zu überstreichenden Holzes u. d. m. hineinzudrängen; dass man das flüssige Wasserglas gleichförmig auftrage und den Anstrich wenigstens 6mal wiederhole; dass man das flüssige Wasserglas zur Erlangung recht dauerhafter Ueberzüge mit $\frac{1}{10}$ gepulverter Kreide, Thon, Knochenerde, Glaspulver oder, was das beste ist, feingepulverten Wasserglases vermenge; dass man, bevor man einen neuen Anstrich macht, den früheren gehörig austrocknen lasse, wozu im Sommer ein Zeitraum von 24 Stunden nöthig zu seyn pflege, und dass man, wenn Gemenge von flüssigem Wasserglase und Kreide,

Thon u. s. w., zum Ueberzuge gewählt worden sind, das letzte Ueberstreichen mit reinem flüssigen Wasserglase geschehe.

Um Theater-Dekorationen durch letzteres gegen rasche Verbreitung des Feuers zu schützen, schlägt Fuchs vor die dazu anzuwendende Leinwand mit demselben zu schwängern, und erst, nachdem sie gehörig trocken geworden, mit Farben zu bemalen. Sollten einige der letzteren durch das flüssige Wasserglas verändert werden, wie dies z. B. mit dem Berlinerblau der Fall seyn würde, so wäre die zu bemalende Stelle vorher mit Alaunlösung und Kreide zu überstreichen. Zur Schwängerung der Leinwand genügt es nicht: das flüssige Wasserglas mit einem Pinsel aufzustreichen, sondern ist es nöthig, dieselbe durch innerhalb des mit dem flüssigen Wasserglase gefüllten Gefässes angebrachte Walzen, durch welche man die Leinwand mehrere Male gehen lassen muss, zu bewerkstelligen, um das Wasserglas möglichst innig mit der Leinwand zu vereinigen. Ein Zusatz von $\frac{1}{15}$ Bleiglätte lässt letzteren Zweck noch besser erreichen.

Zerstörung des Bauholzes in den Gebäuden durch die Einwirkung des Hausschwammes.

Naturgeschichte des Hausschwammes.

Der verwüstende Hausschwamm (*Merulius vastator*, und *destruens*, *Pers.*, *Xylophagus lacrimans*, *Link.*), welcher in unseren Wohnungen zum Vorschein kommt, und die schönsten Bauwerke zu Grunde richtet, gehört nach Link zu den Holznagerpilzen.

So weit jetzt die Erfahrung reicht, hat man diesen verderblichen Pilz, noch nicht in Wäldern, oder an anderen Orten, in der Erde wachsend angetroffen. Er erscheint an verbautem Holze und zwar nur an Nadelhölzern, welche an dumpfigen eingeschlossenen Orten zu denen das Licht keinen Zugang hat, und im Zustande einer anfangenden chemischen Zersetzung sich befinden.

Man könnte vielleicht gegen die Behauptung, dass der Hausschwamm nur an Nadelhölzern erscheine, den Einwurf machen, dass man diesen Pilz bisweilen auch an Mauern antrifft, und könnte hieraus die Folgerung ziehen, dass der Schwamm auch an anorganischen Körpern aufkeimen könnte. Stellt man aber eine genaue Untersuchung an, so wird man sich überzeugen, dass das Mauerwerk, wo der Schwamm aufkeimt, Bruchstücke von Holz, oder Holzerde, eingeschlossen enthält. Es ist uns unter sehr vielen dergleichen Vorfällen noch nicht ein einziges Beispiel vorgekommen, wo wir bei genau angestellter Untersuchung die Ursache des Hervorkommens des Schwammes an solchen Stellen nicht in diesen angezeigten Stücken gefunden hätten.

Diejenigen Schwämme, welche an bereits tief in den Zustand der Vermoderung übergegangenen Laubholzarten, vorzüglich in dumpfigen Kellern und an feuchten Orten, wachsen, und die Zerstörung der Holzes kräftig beschleunigen, müssen mit dem verwüstenden oder laufenden Hausschwamm nicht verwechselt werden.

Die am häufigsten vorkommenden Schwämme obiger Art sind der *Boletus destructor Pers.*, der zweijährige Becherzackenschwamm *

* *Systotrema bienne Pers.*

und der dünnhäutige Kehrzackenschwamm.* Diese sind ebenfalls Holznager-Pilze.

Das sammetschwarze Pulver, womit eichene Bretter und andere Laubhölzer bekleidet sind, wenn das Holz anfängt, an feuchten Orten zu verstocken, ist eine Haftfaser und zwar die *Torula tenera Link.*, welche die allmählige Verstockung des Holzes beschleunigt.

Person ** charakterisirt den verwüstenden oder laufenden Hausschwamm folgendermaassen: „*orbicularis adultus, aureus, venis crispis centrum versus in plicas abeuntibus tuberculis intus albis ut plurimum aggregatis caulescentibus intermediis.*“

Gemeiniglich entsteht der Hausschwamm zuerst im Erdgeschoss, unter den Dielen und deren Unterlagen, oder an den Grundschwellen, vorzüglich wenn solche auf einer feuchten Füllerde liegen, und in Balkenkellern. Oder er entsteht hinter Verschalungen und Paneelen des Mauerwerks.

* *Systotrema membr. Pers.*

** *Synopsis method. Fung. P. I. p.* 497.

Zuweilen entsteht er auch in den oberen Stockwerken der Gebäude, vorzüglich in Alkoven und geschlossenen Gemächern, die nur durch geborgtes Licht erhellet werden, und denen ein durchstreichender Luftzug mangelt.

Den Erfahrungen mehrerer Baumeister gemäss, erscheint der Hausschwamm gemeiniglich in den oberen Stockwerken solcher Gebäude, die aus Lehmsteinen erbaut und mit gebrannten Mauersteinen verblendet sind, vorzüglich wenn sie eine freie Lage haben. Auch hat man bemerkt, dass der Schwamm an den Stellen zuerst erscheint, wo man die Wände im Innern mit Brettern verschalt und berohrt hat.

Die durch den Regen anschlagende Nässe zieht sich hinter die gebrannten Steine, und die Mauer trocknet weit langsamer wieder ab, als wenn sie ganz aus Lehmsteinen erbaut ist. Das Verfahren ist überhaupt eine elende Bauart, die, wenn sie auch nicht zur Entstehung des Hausschwammes Anlass geben sollte, keine Nachahmung verdient, weil zwischen der Mauerstein-Verblendung und den Lehmsteinen keine Verbindung statt finden kann. In solchen Gebäuden ist man genöthigt, die Wände inwendig mit Brettern zu verschalen und zu berohren, wodurch die Baukosten sehr beträchtlich vermehrt werden, wenn man nur einigermaassen heitzbare Wohnungen zu erhalten wünscht.

An den Stellen wo die Schwammbildung eintritt, bemerkt man zuerst kleine weisse Punkte, die nach und nach zu schleimigen Flecken zusammen fliessen und einen zartwolligen Anflug bilden, der allmählig zu einem feinen silberartigen Gespinnste wird, das viele Aehnlichkeit mit einem Spinnengewebe hat und die Oberfläche des Holzes merklich feucht macht.

Vorzeigung des Hausschwammes in diesem Zustande im Vortrag.

So wie der Wachsthum des Schwammes zunimmt, verwandelt sich das flockige Gespinnst in ein feines blätterartiges Fadengeflechte, welches an feuchten Orten, und wo zugleich auch Dunkelheit herrscht, vorzüglich gedeihet und daselbst eine aschgraue Farbe und seidenartigen Glanz erhält.

Vorzeigung des Hausschwammgespinnstes in diesem Zustande bei'm Vortrag.

Dieses Schwammgespinnst vergrössert sich oft ausserordentlich rasch, und bildet ein ungemein zartes blätterförmiges Gewebe, von dessen Seitenkanten eine Menge feiner durchsichtiger Fäden auslaufen, die nur dem bewaffneten Auge sichtbar sind.

In diesem Zustande durchdringt das Fadengewebe des Schwammes nicht nur die feinsten Fugen des verzimmerten Holzes, sondern auch Ritzen des Mauerwerks und Steinspaltungen. Es schleicht sich von einem Theile des Gebäudes zum anderen, überzieht Steine, Metalle, Kalkmörtel, Lehm, Gyps und andere anorganische Körper, mit einem weissgrauen byssusartigen Gewebe und haucht einen Modergeruch aus.

Setzt man den Körper, welcher auf diese Weise mit Schwammgewebe bekleidet ist, der Einwirkung des Tageslichtes so aus, dass der Schwamm dadurch nicht gestört wird, so verwandelt sich das byssusartige Gespinnst in ein unfühlbares Pulver und das Schwammgewebe verschwindet an der beleuchteten Stelle.

Die örtliche Beschaffenheit hat auf die äussere Gestaltung des Hausschwammes einen besonderen Einfluss.

Wenn der Schwamm im versteckten Zustande an feuchten Grundschwellen, hinter Thürzargen, unter Bretterwerk oder andern Holzverschalungen, wuchert, so verwächst sein Fadengeflechte zu einer häutigen, blätterartigen Substanz, an der kein Anhaftungsstrunk bemerkbar ist.

In diesem Zustande behält er stets die Gestalt eines bandförmigen Fadengeflechtes von einer unbeträchtlichen Stärke, und wird alsdann selten über $\frac{1}{8}$ Zoll dick. Ist er aber durch örtliche Beschaffenheit genöthigt, ans Freie zu treten, wo er Raum hat, sich zu entfalten, so verstrickt sich sein Gefüge zu einer fleischigen Masse, die oft im gekräuselten Zustande durch Bretterspaltungen und Ritzen sich hervordrängt, und in diesem Zustande nimmt er, wenn er an feuchten Stellen wächst, lebhafte Farben an. Gemeiniglich hat er eine zimmetbraune Farbe.

Vorzeigung mehrerer Exemplare des Hausschwammes in diesem Zustande bei'm Vortrage.

An allen solchen Orten, wo Bretterwerk auf einer feuchten Erde liegt, bildet der Schwamm auf der Oberfläche des Holzes bandförmige Streifen, die sich lappenartig verbreiten. Sie sind oft $\frac{3}{4}$ bis 1 Zoll dick, und von den Seitenkanten der Lappen verbreitet sich ein silberfarbiges Fadengeflechte, welches trocken liegendes Holz und andere Körper mit einen byssusartigen Gewebe oft zwei Zoll dick bekleidet.

Im Fortgange seiner ferneren Ausbildung fängt er an, sich zu einer saftigen korkartigen Substanz zu verdichten; seine Oberfläche erhält ein glattes sammetartiges Ansehn, bläht sich hier und da auf, und sein Rand krümmt sich einwärts. Nach dieser Periode entstehen an seiner Oberfläche trichterförmige Vertiefungen, die sich zu einem zitzenförmigen Zellengewebe ausbilden, die allmählig mit einer durchsichtigen klebrigen Flüssigkeit angefüllt werden.

Diese Flüssigkeit hat einen champignonartigen Geruch und Geschmack; sie verändert nicht die blaue Farbe des Aufgusses auf rothen Kohl (*Brassica rubra*) und enthält also weder ein freies Alkali, noch eine Säure. Wenn der Schwamm sich in diesem saftigen Zustande befindet, erreicht er oft die Dicke eines Zolles mit einer Ausdehnung von einem Fuss und darüber im Durchmesser. Der Zerstörungsprocess des Holzes, woran er haftet geht dann ausserordentlich rasch vor sich; wahrscheinlich aber einzig und allein nur durch die stetige Hinzuführung einer mit organischen Stoffen beladenen Feuchtigkeit.

Die Zerstörung des Holzes scheint unseren Ansichten gemäss sich ganz auf chemische Grundsätze zurückführen zu lassen; man hat wenigstens keinen Grund, anzunehmen, dass der Schwamm als ein besonderes fressendes Gebilde die einzige Ursache der Zerstörung sey; er erzeugt Feuchtigkeit, wodurch die Neigung der bereits angefangenen Zersetzung des Holzes schnell begünstigt und fortgepflanzt wird. Die Zerstörung des Holzes würde also Statt finden wenn der Schwamm auch nicht erschiene. Durch seine Erscheinung wird sie ungemein beschleunigt.

Nimmt man eine Diele aus einem vom Schwamme angegriffenen Fussboden und legt an deren Stelle eine trockne neue Diele, so verbreitet sich der Schwamm schnell über das neu eingelegte Holz. Hat die Diele Splintholz, so wird dieses zuerst vom Schwamme angegriffen, das

Zellengewebe des schwammigen Holzes bläht sich auf, es wird feucht an der Fläche, welche mit Schwamm bekleidet ist, es entstehen Spaltungen, durch welche sich das Fadengewebe des Schwammes verbreitet, und auf diese Weise die Zerstörung des Holzes beschleuniget. Ist das Holz rissig, so durchdringt das Fadengewebe des Schwammes die Risse, und die Zerstörung des Holzes nimmt daselbst ihren Anfang.

Es ist merkwürdig, dass Eichenholz vom laufendenden Hausschwamm unberührt bleibt, selbst wenn es in der günstigsten Lage sich befindet, wo der Schwamm wuchert.

Das Fadengewebe des Schwammes, welches die feinsten Ritzen und Spalten des Holzes durchdringt, ist wahrscheinlich dazu bestimmt, die Feuchtigkeit fortzuleiten, und dadurch die Zersetzung des Holzes schnell zu begünstigen. Der Schwamm dringt nicht in die Substanz des Holzes ein, er haftet bloss an der Oberfläche und verbreitet sich durch die entstandenen Ritzen. Die ganze Holzmasse erhält auf diese Weise durch eine chemische Einwirkung, Borsten und Risse in allen Richtungen, wird bröcklig, vermodert und fällt durch sein eigenes Gewicht stückweise aus einander.

Vorzeigung einiger vom Schwamme angegriffenen Holzstücke bei'm Vortrage.

So wie der saftige und völlig ausgewachsene Schwamm nach und nach am Alter zunimmt, werden die vorher erwähnten Zellen mit Körnern angefüllt; diese verwandeln sich nach und nach in ein braunrothes, feines Pulver, welches der Schwamm bald nachher auswirft. Man findet dieses Pulver oft sechs bis acht Zoll weit um den Schwamm herum verstäubt, und gemeiniglich ist auch der noch nicht bis zu dieser Ausbildung heran gewachsene benachbarte Schwamm um und um damit bedeckt, ohne dass er dadurch eine Veränderung im Wachsthume erleidet.

Nach dieser Periode erhält der Schwamm eine schwarzbraune Farbe, schrumpft zu einer papierartigen bröckligen Masse zusammen, stirbt ab, und wird bald wenn Feuchtigkeit zugegen ist, und unzerlegtes Holz in seiner Nachbarschaft sich befindet von einer neuen Schwamm-Erzeugung bedeckt.

Allgemeine Ursachen, welche zur Entstehung des Hausschwammes Anlass geben.

Wie kommt der zerstörende Schwamm in unsere neu erbauten Wohnungen?

Dass der Hausschwamm zu den räthselhaftesten Pflanzenkörpern gehört, welche keine entwickelte Befruchtungswerkzeuge haben, braucht kaum erwähnt zu werden. Der Staub, den er ausstreut, (S. 171) besitzt keine Keimkraft. Wer den Hausschwamm hat daraus entstehen sehen, ist getäuscht worden * und zwar durch den Boden, in welchen man das Schwammpulver gesäet hat. Macht man die Aussaat in einer Erdart, in welcher kein Dünger von thierischen oder vegetabilischen Stoffen sich befindet, dann wird man niemals aus dieser Erde den Hausschwamm hervorwachsen sehen.

Auch haben Versuche bewiesen, dass die Verpflanzung des Hausschwammes nicht gelingt, wenn man Stücke von dem in vollem Wachsthume sich befindenden Schwamme in reine

* Frenzel's gekrönte Preisschrift. S. 416. 1800.

Erde legt, ehe er noch seinen Staub von sich geworfen hat.

Alle Versuche, welche man mit der grössten Sorgfalt und unter den verschiedensten Umständen gemacht hat, um den Schwammstaub zum Keimen zu bringen, sind bis jetzt fruchtlos gewesen. Die Entstehung dieses Schwammes ist, wie die Entstehung aller anderen Pilzarten, noch in Dunkelheit gehüllt.

„Man säet sie nicht, man pflanzt sie nicht, und doch wachsen sie so wunderlich.“

Die Eigenthümlichkeiten derselben haben den Gegenstand ausnehmend schwierig gemacht, und eine Menge von Hypothesen veranlasst. Die ausgezeichnetsten Naturforscher haben alle ihren Scharfsinn und Fleiss darauf gerichtet, allein ihr Bemühen ist bis jetzt noch von keinem demselben entsprechenden Erfolge belohnt worden. Noch kennt man diese wunderbaren Naturkörper zu wenig, und alles, was bis jetzt über die Art der Erzeugung und Fortpflanzung des Hausschwammes gesagt und geschrieben worden ist, hat noch keine befriedigende Auskunft gegeben.

Ueberall aber hat man die Beobachtung gemacht, dass dieser verwüstende Pilz immer zuerst da zum Vorschein kommt, wo dumpfige, stillstehende, mit Dünsten geschwängerte Luft herrscht, wo Feuchtigkeit zugegen ist, und wo das Licht keinen Zutritt hat. Unseren Bemerkungen zu Folge haben wir Ursache, zu glauben, dass der Schwamm nur auf Holzwerke aufkeimt, das wirklich bereits eine anfangende chemische Zersetzung erlitten hat. Auch ist es bekannt, dass der Splint des Holzes am ersten vom Schwamme angegriffen wird; dass harziges Kernholz der Einwirkung des Schwammes am kräftigsten widerstehet und dass eine von organischen Stoffen verdünstende Feuchtigkeit das Gedeihen desselben sehr befördert.

Man hat ferner bemerkt, dass Holz, welches der Einwirkung der Feuchtigkeit in Berührung mit Luft und Licht ausgesetzt ist, nie vom Schwamme leidet, wenn nur die Feuchtigkeit frei und ungehindert verdünsten kann, obgleich es durch die Einwirkung dieser Thätigkeiten zerstört wird; und das selbst fliessendes Wasser, wenn es ein Gebäude umspült, den Hausschwamm nicht erzeugt.

Zuweilen liegt die Ursache des Feuchtseyns in der örtlichen Beschaffenheit des Gebäudes. Wenn der Grund feucht ist, so saugt das Mauerwerk die Feuchtigkeit des Erdreiches ein, und theilt sie dem Holzwerke mit, vorzüglich wenn das Grundgemäuer aus schlecht gebrannten Ziegelsteinen oder lockeren Bruchsteinen erbaut ist.

Auch kann die Ursache des Feuchtseyns in einer fehlerhaften Construction des Gebäudes liegen. Wenn z. B. die Schwellen auf ein feuchtes Fundament oder wohl gar unmittelbar auf das Erdreich gelegt und im Innern mit feuchter Erde verschüttet und von aussen mit Mörtel verklebt werden. Oder wenn feuchter Schutt und anderer Unrath an den Schwellen angehäuft wird.

Billig sollten alle Grundschwellen auf einer dichten Grundung von Mauerwerk ruhen, welches so hoch angebracht wäre, dass die Feuchtigkeit des Bodens sich nicht in die Schwellen erheben könnte. Bei Wohngebäuden sollte die Höhe der Fundamentmauern, wenn das Souterrain keine Keller hat, wenigstens 1½ Fuss betragen.

Oder wenn aus schlechten Materialien gemauerte Abzugskanäle sich in der Nachbarschaft des Gebäudes befinden, und dadurch das Erdreich, welches das Gebäude, umgiebt mit Feuchtigkeit stets geschwängert wird.

Oder wenn anstatt trockenen Schuttes, Dammerde zwischen die Balken gelegt wird, welche Feuchtigkeit ausdünstet und von der feuchten Luft auch wieder anzieht.

Oft entsteht die Feuchtigkeit durch ein übereiltes Bauen, wenn man das Mauerwerk nicht hinlänglich austrocknen lässt, die Wände berappt und abputzt, ehe sie ausgetrocknet sind, und die Keller oder das Fundament zu früh verschüttet.

Die Austrocknung des Mörtels in den Fundamentmauern eines Gebäudes kann Jahre lang aufgehalten werden, wenn die Grundmauern mit einem lockern Sandboden oder andern Erdreiche verschüttet werden, das durch Regen von Zeit zu Zeit Feuchtigkeit empfängt und durchlässt.

Es ist eine allgemeine Beobachtung, dass der Hausschwamm da vorzüglich entsteht, wo man schlechtes, unreifes und nasses Holz verbaut,

baut, und viele Baumeister suchen die Entstehung des Hausschwammes einzig und allein in dieser Ursache.

Sie behaupten, dass in neuern Zeiten die Erscheinung des Hausschwammes viel häufiger ist, als es noch vor 50 Jahren war, und zu welcher Zeit das Bauholz von ungleich besserer Beschaffenheit und weit trockner gewesen seyn soll, als man es heut zu Tage käuflich erhalten kann. Und ferner, dass in denjenigen Gegenden, wo man geflösstes Holz zum Bauen verwendet, der Hausschwamm am häufigsten vorkommt.

Man kann es deswegen jedem Bauunternehmer nicht ernstlich genug empfehlen, die grösste Sorgfalt und Achtsamkeit auf diesen Gegenstand zu verwenden, wenn er ein festes und dauerhaftes Gebäude zu erhalten wünscht. Nicht zu gedenken, dass feuchte Wohnungen übertünchte Gräber sind, wo unter der gleissenden Hülle Verwüstung und der nahe Ruin wohnt.

Auch kann die Feuchtigkeit dadurch veranlasst werden, dass man das vom Dache fallende Regenwasser nicht vom Fusse des Gebäudes ableitet, oder das Anspritzen desselben verhindert; diese Bedingung ist in Hinsicht des hiesigen sandigen Bodens vorzüglich zu berücksichtigen.

Oft entsteht die Feuchtigkeit vermöge des Verhaltens schlechter Mauersteine, die man zum Grundbau verwandte. Schlecht gebrannte Mauersteine saugen Feuchtigkeit aus dem Erdreiche ein und halten sie hartnäckig zurück.

Einige Mergel-Kalksteinarten, auch Gneiss und einige Basaltarten, besitzen diese Fähigkeit ebenfalls. Sie ziehen aus der feuchten Luft Wasser ein, und geben es, wenn diese trocken ist, an dieselbe wieder ab. Nach Lampadius Angabe gibt es zu Freiberg in Sachsen an den aus Gneiss erbauten Häusern einzelne sehr leicht feuchtwerdende Stellen; die Mauer mag mit Mörtel überzogen seyn, wie sie will, der Stein zieht Wasser an, bis zum Niederlaufen an der Wand.

Erinnerung an einige Grundlehren der Chemie, in Beziehung auf die Eigenschaft verschiedener hygroskopischen Körper, welche beim Bauwesen gebraucht werden, im Vortrag.

Der blaugefärbte Rüdersdorfer Kalkstein besitzt diese hygroskopische Eigenschaft in einem hohen Grade.

Oder wenn das Dachwerk nicht von Zeit zu Zeit nachgesehen, und dem Einregnen vorgebeugt wird. Sturm * sah den Hausschwamm im Dachwerke neuer Gebäude dadurch entstehen, weil dem Eindringen der Feuchtigkeit ins Dachwerk nicht zeitig genug abgeholfen wurde.

Einige Baumeister, unter andern der Baudirektor Weirach **, suchen die Entstehung des Schwammes in dem nassen mit Holz in Berührung gebrachten Kalkmörtel. Andere Baumeister haben den Hausschwamm öfters entstehen sehen, wo ein mit Gyps versetzter Kalkmörtel zum Vermauern an feuchten Orten gebraucht wurde.

Es ist eine allgemeine Bemerkung in den Gegenden, wo viel Gyps, dagegen aber wenig Holz ist, und wo folglich Gyps-Aestriche häufig anstatt der Dielen-Fussboden angefertigt werden, dass der Schwamm daselbst am häufigsten im Holzwerke der Balkenkeller aufkeimt, vorzüglich wenn der Gyps-Aestrich über eine Unterlage von Dammerde gegossen worden ist.

* Bürgerliche Baukunst. Erster Theil. S. 195.

** Abhandlung über den Schwamm in Gebäuden. Stettin 1797.

Alle diese erwähnten Ursachen können zur Hervorlockung des Hausschwammes Aulass geben; oder wenn das nicht der Fall ist, so versetzen sie doch das Gebäude in einen gebrechlichen Zustand, wodurch früher oder später sein Verfall herbei geführt wird.

Meinung einiger Naturforscher über die Entstehung des Hausschwammes.

Einige Naturforscher glauben, dass der Keim des Hausschwammes in Nadelhölzern liege, so wie gewisse Eingeweide- und andere Würmer in dem Körper gewisser Thiere vorhanden seyn müssen, und dass er sich in dem abgestorbenen Holze noch lange Zeit wirksam erhalte, bis günstige Umstände sein Aufkeimen befördern.

Dass gewisse Pilze, schwammartige Gewächse und Schimmel-Arten, gewissen Holzarten und anderen Körpern eben so eigenthümlich angehören, als verschiedene Gattungen Würmer gewissen Thieren eigenthümlich sind, und ausserhalb dem thierischen Körper weder gefunden werden noch fortleben können, scheint der Wahrheit gemäss zu seyn. Den kreiselförmigen Becherschwamm, *Peziza turbinata,* findet man nur im Pferdemiste. Der Bauchschwamm des Sauerdorns, *Sphaeria Berberidis,* wohnt auf erstorbenen Zweigen des Sauerdorns (*Berberis vulgaris Linn.*). Der Bauchschwamm des Kreuzdorns, *Sphaeria Rhamni,* wächst auf erstorbenen Zweigen des *Rhamnus Frangula Linn.* Den kleinmündigen Bauchschwamm, *Sphaeria microstoma,* findet man nur auf erstorbenen Pflaumenzweigen. *Sphaeria Fimenti* wächst nur auf dem Dünger des Rindviehes; der *Mucor caninus* auf den Excrementen der Hunde; das *Sporotrichum fenestrale* an Fensterscheiben u. s. w.

Andere Naturforscher, mit Decandole an ihrer Spitze, glauben, dass der Keim des Hausschwammes durch die Wurzelfasern der Pflanzen eindringe und im Innern des Holzes so lange unverändert verborgen liege, bis zu seiner Entwickelung günstige Umstände sich ereigneten, wodurch er genöthigt wird, als zerstörender

Hausschwamm hervor zu treten. Diese Hypothese ist zu grob und verdient, ihrer unphilosophischen Ansicht wegen, nicht die mindeste Aufmerksamkeit.

Wieder andere glauben, dass vermöge der Einwirkung todter organischer Stoffe unter gewissen Umständen Zeugungskräfte in der Materie entwickelt werden, und dass der Schwamm und alle anderen Pilze auf diese Weise entstehen. Die Anhänger dieser Hypothese * glauben, „dass lebensfähige Materie und Lebenskraft unzertrennlich verbunden wären, dass die belebte Materie in sich selbst gestaltlos sey; und dass ihr nur durch äussere Einwirkungen eine bestimmte Form ertheilt werde; dass, nach der Verschiedenheit jener Einflüsse, diese Form entweder eine animalische, oder eine vegetabilische sey. Dass die Rudimente der erstern die Infusionsthierchen, die der letzteren der Byssus und der Schimmel sey, und dass von diesen aus die lebende Natur sich durch unzählige

* Treviranus Philosophie der lebenden Natur. 2. Bd. 1813. S. 326. S. 329—342. S. 353.

Mittelstufen erhebe, auf der einen Seite bis zum Menschen, und auf der anderen bis zur *Musa*, der *Ceder* und *Adansonia*."

Diese Hypothese ist in neuern Zeiten besonders von Medicus,* Rudolphi und vielen anderen Naturforschern angenommen und vertheidigt worden.

Willdenow hingegen sagt: ** „die *Generatio aequivoca* ist jetzt höchstens nur beim Spinnrocken das Gespräch unserer alten triefäugigen Mütterchen. Man kennt nun zu gut den Ausspruch von Harvey: dass alles, was lebt, aus Eiern entstehe."

Steffen sagt: *** „Sehr auffallend ist das plötzliche Hervorkommen der Pezizen, Ellvellen u. s. w., die oft in einem Jahre beträchtliche Strecken auf den Wiesen, in den Wäldern, auch an sumpfigen Stellen etc. bedecken, mehrere Jahre hindurch gar nicht erscheinen, dann in

* Pflanzenphysiologische Abhandlung. 3. Bd. 1803. Entstehung der Schwämme. S. 59.

** Grundriss der Kräuterkunde. 1798. S. 361 und 362.

*** Beiträge zur innern Naturgeschichte der Erde. 1. Th. S. 301 und 361.

einem vorzüglich feuchten Jahre in grosser Menge wieder hervorwachsen. Die geringste Veränderung der Temperatur ist hinreichend, sie zu vertilgen. Es ist als wären sie die Opfer der zwischen entgegengesetzten Richtungen schwankenden Natur."

Oken * drückt sich über die Entstehung der Pilze folgendermaassen aus:

„Die Geschlechtslosen sind bloss Gestaltungen der Wurzel, des chemischen Bläschens, also weiblicher Natur. Sie sind weiter nichts als eine grosse Blase, oder Knospe, welche ihr Höchstes erreicht hat, im Momente des Platzens. Ihr Fortpflanzen ist nur ein Luxuriren des chemischen Processes, der bei seiner höchsten Anstrengung nichts weiter vermag, als die Urbläschen individual in sich auszubilden. Sein höchstes Produkt ist ein Haufen Schleimkügelchen in einer grossen Knospe. Man nennt diese Schleimkügelchen Keimpulver."

„Die Geschlechtslosen sind Blüthen ohne Pflanzen; Blüthen unmittelbar der Erde entsprossen.

* Lehrbuch der Naturphilosophie. 3. Theil. §. 1517. 1518. 1524. 1526. 1527.

„Die Fruchtkapsel auf den höheren Pflanzen ist ein Pilz auf einem belaubten Stiele, ein durch das Licht organisirter Pilz.“

„In ihnen wandelt sich die Erde in die infusoriele Masse, oder das Phänomen der *Generatio originaria* in ein Geschlechtloses, — einen Pilz — eine Flechte.“

Es wäre überflüssig, diese nicht sowohl auf Erfahrung als auf Speculation sich gründende Behauptungen weitläuftig widerlegen zu wollen. Auch fehlt es an hinreichenden Erfahrungen, um hierüber etwas entscheidendes sagen zu können. Die bis jetzt aufgestellten Meinungen sind weiter nichts als Hypothesen.

„Möchte * aber doch jedem Naturforscher der Gedanke recht lebhaft vorschweben, dass sich Erweiterung der Naturlehre nur auf dem Wege der Erfahrung hoffen lässt. Nur von dem Zeitpunkte an, wo man das Feld der Speculationen verliess, und von Bacon's weisem Ausspruche: *opinionum commenta delet dies, Naturae judicia confirmat*, beseelt, durch rich-

* Wolff's Zusätze, in Thomson's Chemie. 3. Band. 1. Abtheil. S. 371.

tig angestellte Erfahrungen, die Natur genauer kennen zu lernen suchte, brach erst ein schöner Tag für das Studium der Naturlehre an.

„So lange man im Gebiete der Speculation umherschweift, befindet man sich im Reiche des Denkbaren oder des Möglichen. Erkenntniss ist nur allein Produkt der Anwendung der Gesetze des Denkens auf das durch die Erfahrung gegebene. Unser Gemüth muss allerdings bemüht seyn, die durch die Erfahrung gegebenen Thatsachen unter allgemeine Gesetze zu bringen, sonst wird unsere Naturkenntniss ein chaotisches Gewirre.“

Mittel, welche zur Vertilgung des Hausschwammes empfohlen werden.

Die bisher empfohlenen Mittel zur Vertilgung des Hausschwammes in Gebäuden sind hauptsächlich folgende.

Wenn der Schwamm die Dielen angegriffen hat, so reisst man den Fussboden auf, nimmt den vorhandenen Untergrund des vom Schwamme angesteckten Ortes hinweg, und vertauscht ihn gegen reinen trockenen Schutt, Ziegelmehl, Hammerschlag, Eisenschlacken, Holzasche, Holzkohlen, oder Sand. Die aufgenommenen Dielen und auch die Unterlagen oder Lagerhölzer hobelt man an beiden Seiten ab, und tränkt die Seite der Bretter, welche auf die Unterlagen zu liegen kommt, und auch die Lagerhölzer mit einer Auflösung * von 1 Quentchen Quecksilber-

* Amtsblatt der königl. Regierung zu Potsdam 1825. Stück 43.

Sublimat in Regenwasser, nachdem man die Auflösung zuvor mit 1 Pfunde frischem Kalkwasser vermengt hat. Mehrere Baumeister empfehlen eine Beitze aus einem Theile Schwefelsäure, mit 60 Theilen Wasser verdünnt. Oder eine Auflösung von basisch kohlensaurem Natron, oder Pottasche * oder Holzaschen-Lauge.

Oder eine Auflösung von Eisen- oder Kupfervitriol.

Andere sagen man solle das Holzwerk mit einer Tünche, aus frisch bereitetem Kalkbrei oder Chlorinkalk und Wasser angefertigt übertünchen.

Oder man solle die untere Seite der Dielen mit Oehlfarbe oder mit Steinkohlentheer, oder mit Thran anstreichen, die Lagerhölzer betheeren und diese und auch den Untergrund dann mit Kohlenpulver oder Holzasche bestreuen.

Am zweckmässigsten aber verfährt man, wenn, wie bereits erwähnt ist, alles vom Schwamme angegriffene und auch das nicht vollkommen gesunde oder trockne Holzwerk völlig fortge-

* Berlinische Nachrichten von Staats- und gelehrten Sachen. Nr. 69. 1826.

schafft, und der ganze Fussboden mit trockenem Schutt aufs neue belegt wird. Den Raum unter den Dielen kann man mit trockenem Schutt ausfüllen, oder ihn ganz unausgefüllt lassen.

Oder man bringt nach Gilly's * Angabe Luftzüge unter dem Fussboden an. Man macht nehmlich an der inneren Seite der Fundamente der Aussenmauern und an beiden Seiten sämmtlicher Scheidemauern Kanäle von neben einander auf die flache Seite gelegten Mauersteinen. Die Oeffnungen dieser Luftzüge sind am Fundamente oder in der Plinte anzubringen, und mit durchlöcherten Blechplatten zu verschliessen, damit nicht Ungeziefer hineinkommen kann. Sämmtliche Luftzüge müssen innerhalb in Verbindung gesetzt, und hin und wieder einen Ausgang in Oefen oder Vorgelagen, auch wohl auf den Feuerheerden, erhalten, wodurch, so bald Feuer angemacht wird, ein starker Luftzug entstehet, der eine Trockenheit verschafft. Diese Vorrichtung ist freilich kostbar und umständlich, allein man hat dadurch sehr oft seinen Zweck erreicht, wenn alle andern Mittel nichts

* Handbuch der Landbaukunst. 2. Th. S. 249.

geholfen hatten. Da aber durch diese Vorrichtung der immerwährende Luftzug den Fussboden und die Wohnungen kalt macht, so ist es rathsam, einen doppelten Boden zu machen.

Viele auf diese Art vom Königl. Bauinspector Schramm hier in Berlin und in Potsdam verbesserte Gebäude, in denen der Schwamm im Erdgeschoss aus allen Fugen der Fussböden aufkeimte, zeigen jetzt nach mehren Jahren nicht die mindeste Spur dieses grossen Hausübels.

Manger * gibt noch ein anderes Mittel an, die Feuchtigkeit von den Fussböden abzuhalten, nehmlich unter allen Zimmern Balkenkeller mit gehörigen Oeffnungen anzulegen und die Fächer zwischen den Balken auszustaken, aber nicht mit Lehmstroh, sondern nur mit Lehm, und über den Fussboden Bretter zu legen.

Wenn nach solchen Vorrichtungen das neue Holz dessen ungeachtet vom Schwamme wieder angegriffen wird, so liegt die Ursache in der örtlichen Beschaffenheit des Baugrundes. Ein neuer Grundbau ist dann erforderlich.

Bei alten Gebäuden ist der Schwamm gemeiniglich nur örtlich, und die Vertilgung

* Oekonomische Baukunst. S. 226.

desselben durch obige erwähnte Beitzmittel in der Regel nicht sehr schwierig. Erscheint er in neuen Häusern, etwa in drei oder vier Jahren nach Erbauung derselben, so ist das Uebel fast immer, ehe es entdeckt wird, bereits so sehr verbreitet, dass an ein Vertilgen des Schwammes ohne einen grossen Kostenaufwand und viele Beschwerlichkeiten nicht zu denken ist.

Alle die erwähnten anempfohlenen Mittel haben hier und da ihren Erwartungen entsprochen; in einigen Fällen haben diese, in andern jene die Zerstörung des Schwammes gehemmet, wiederum in andern hat keines der Mittel geholfen. Man hat hier in Berlin Versuche über die Verhältnisse und Wirksamkeit der verschiedenen vorgeschlagenen Vertilgungsmittel im Grossen angestellt, ohne zu entscheidenden Resultaten zu kommen. Es liegt in der Natur der Sache, dass alle Versuche dieser Art sehr zweifelhaft seyn müssen, und zu nichts entscheidendem führen können, so lange nicht ausgemittelt ist, worauf das Hervorwachsen und die Fortpflanzung des Schwammes eigentlich beruhet.

Hat man dieses entdeckt, dann kann man dieses fürchterliche Hausübel beseitigen.

Dessen ungeachtet ist es nöthig, hier zu bemerken, dass, so schwierig es ist, den Schwamm aus einem Gebäude zu entfernen, so leicht es sey, neue Gebäude gegen die Erzeugung desselben zu verwahren. Alle Baumeister sind darin einverstanden, dass Gebäude nicht vom Schwamme befallen werden, wenn man sie möglichst trocken stellt, aus gesundem trockenen Holze und guten Steinen und Mörtel erbauet, und das Mauerwerk nicht eher verschüttet und berappt wird, als bis es hinlänglich ausgetrocknet ist, und alle vorher erwähnte Gelegenheitsursachen sorgfältig entfernt siud, welche zu der Entstehung der Feuchtigkeit und dumpfigen Luft in Gebäuden Anlass geben können.

Faschinen.

Eine Faschine ist ein Bündel von zusammen gepresstem gleich dicken Reisholze, das gemeiniglich ungefähr neun bis zehn Fuss lang, und am Stammende der Reiser etwa einen Fuss stark ist.

Strauchholz zum Faschinenbau.

Alles Reisholz, was entweder in der Luft, oder in dem Wasser bald zerstört wird, eignet sich nicht zu Faschinenwerken.

Die Weidenarten verdienen den Vorzug vor allen übrigen Strauchhölzern, als Material zum Faschinenbau. Die schlanken, dünnen, biegsamen Weidenruthen erhalten in der Luft und im Wasser sich länger unverändert als alle andere Strauchhölzer. Auch haben Weidenzweige in nassem Boden einen sehr schnellen Trieb. Man bedient sich auch wohl der Pappeln, Ellern, Birken und anderer Laubhölzer, wenn die Oertlichkeit kein Weidenholz darbietet, zum Faschinenbau, und selbst der Dornenstrauch kann dazu benutzt werden.

Die rothe Bandweide, *Salix purpurea L.* und die gelbe Bandweide, *Salix Vitellina L.* eignen sich vorzüglich, wegen der ausserordentlichen Zähigkeit ihrer Ruthen, für Faschinen, wie auch zu Flechtwerken, zu Uferbekleidungen, und allen Arten von Pflanzdeckwerken in der Faschinenbaukunst.

Die Ruthen der rothen Bandweide haben, wenn der Strauch seine Blätter abgeworfen hat, eine purpurrothe Farbe. Die gelbe Bandweide unterscheidet sich dadurch, dass die Rinde der Zweige eine dottergelbe Farbe hat, die gegen den Winter orangenfarbig und zuletzt braunroth wird. Die dünnen Ruthen des Baumes hängen zuweilen sehr tief herunter, sie sind ausserordentlich biegsam, schlank und zähe, und eignen sich folglich vorzüglich als Bandweiden zum Binden der Faschinen, wie auch zu Zäunen und Flechtwerken aller Art.

Auch die gemeine Korbweide, *Salix viminalis L.* ist, weil sie als Strauch vorzüglich gut fortkommt, und eine schnellere und höhere Triebfähigkeit besitzt als andere Strauchweidenarten, vorzüglich geeignet zum Strom- und Deichbau. Sie ist selbst im Eise und im Wasser sehr dauerhaft, und ihre Triebe wachsen sehr dicht neben einander in langen und einzelnen Ruthen, und erreichen öfters in zwei bis drei Jahren eine Höhe von 12 Fuss.

Die weisse Weide, *Salix alba L.*, die Knackweide, *Salix fragilis L.* die Mandelweide, *Salix amygdalina L.* die Lorberweide, *Salix pentandra L.* und die Bach- oder Rosenweide, *Salix helix L.* werden ebenfalls mit Vortheil zum Faschinenbaue benutzt.

Verfertigung der Faschinen.

Wenn das Reisholz gehauen ist,* werden die Stammenden desselben zusammen genommen, so dass der zusammen gepresste Reisbündel am Stammende eine Dicke von einem Fuss

* Eytelwein's praktische Anweisung zum Faschinenbau. 2te Aufl. S. 6.

erhält. Hierauf wird ein Fuss von diesem Ende der erste Band umgelegt, und darauf drei bis vier Fuss davon der zweite, so dass die fertige Faschine etwa neun bis zehn Fuss lang, am Stammende einen Fuss, und in der Mitte etwa acht Zoll dick ist.

Längere Faschinen können zwar nicht schaden, sind sie aber zu lang, so lassen sie sich nicht leicht von einem Menschen regieren. Kurze Faschinen geben einen schlechten Verband.

Zum Verarbeiten sind die frisch belaubten Faschinen die besten, weil sie sich im Wasser leichter senken, und daher nicht so viel Erde zur Beschwerung bedürfen.

Die Verfertigung der Bänder zum Binden der Faschinen geschieht auf folgende Weise. Wenn das Weidenreis noch zu viel Saft hat, so wird solches am Feuer geröstet und hierauf an der Sonne ausgetrocknet. Ist das Reis aber schon welk, so ist diese Vorsicht nicht nöthig. Der Arbeiter nimmt nun eine Bindeweide, tritt mit dem linken Fuss auf das Stammende derselben oder klemmt solches in die Spalte eines fest eingeschlagenen Pfahls. Die Ruthe wird alsdann von unten nach oben immer von einerlei Seite mit der rechten Hand umgedreht und mit der linken Hand nachgefahren; wenn dieses bis zur Spitze geschehen ist, so wird die Schleife gemacht, indem diese Spitze durch die Oeffnung der umgebogenen Ruthe gesteckt wird. Hierbei ist vorausgesetzt, dass sich die Bindeweide wenigstens in einige Zweige spaltet, damit die Spitze, wenn solche vorher wieder umgedreht worden ist, mehrmal dazwischen gesteckt werden kann.

Die Art, wie man die Bänder um die Faschinen legt, ist folgende. Wenn der Band unter dem Reisbündel an seiner Stelle liegt, so wird das Stammende durch die Schleife des Bandes gesteckt, und indem der Arbeiter das linke Knie gegen die Faschine setzt, zieht er den Band scharf an, dreht hierauf einen Knoten wie beim Binden der Garben, und steckt das Ende unter dem Bande durch, in die Faschine.

Soll die Faschine nicht aus einander gehen, so muss der Knoten (das Schloss) tüchtig gemacht werden. Es kommt dabei vorzüglich darauf an, dass das Ende des Bandes, wenn es stark angezogen ist, gut umgedreht, und alsdann ein wenig nachgelassen und umgeschlagen wird.

Beurtheilung der Güte der Faschinen.

Ob eine Faschine gut gebunden ist, kann man daran erkennen, wenn man solche bei dem Bande anfasst, von der Erde aufhebt und hin und her schwingt.

Eytelwein bemerkt, dass bei gekauften Faschinen zuweilen ein Betrug Statt findet, dass nämlich zusammen gerafftes Reisholz, welches nicht die Länge der Faschinen hat, mit eingebunden ist. Man entdeckt diesen Betrug leicht aus der Besichtigung des Stammendes der Faschine. Es ist vorzüglich darauf zu sehen, dass die Faschinen so fest wie möglich zusammen gebunden sind, und dass sie alle eine gleiche Dicke haben. Die Stärke der Bündel kann man vermittelst eines eisernen Proberinges erforschen, womit man die zu dünn scheinenden Bündel umspannt, und auf diese Weise ihre gehörige Stärke beurtheilt.

Die Tauglichkeit der langen, sogenannten Band- oder Ankerfaschinen, welche zum Zusammenbinden der gewöhnlichen Faschinen dienen und daher wenigstens 10 Fuss lang sind, müssen durchaus sehr fest gebunden sein, welches man daran erkennt, dass man sie in der Richtung ihrer Länge aus einander zu reissen versucht, oder auch dass man sie in der Mitte anfasst und schnell nach oben zieht. Widersteht die Faschine kräftig dieser Einwirkung, so ist sie zum Gebrauch anwendbar. Ihre Verfertigung geschieht auf über ein Kreuz in die Erde geschlagenen Pfählen. Sie werden von 8 zu 8 Zoll mit einer Bindeweide zusammen gebunden, und müssen 4 bis 5 Zoll dick seyn.

Die Faschinen werden bei Ablieferung derselben so gesetzt, dass die Stammenden des Reisholzes auf die Erde kommen, weil, wenn dies beobachtet wird, der Arbeiter die Bündel am leichtesten wegholen kann; und bei Aufstellung derselben muss darauf gesehen werden, dass der Haufen so gesetzt wird, damit gegen die Wasserseite hin die Faschinen hinweg genommen werden können, weil alsdann der Arbeiter, wenn er die Faschine holen will, nicht erst um den Haufen herum gehen darf.

Gebrauch. Die Anwendung der Faschinen ist sehr mannigfaltig und wichtig. Vermittelst derselben wird der Strombaumeister in den Stand gesetzt, Sandbänke, Inseln, oder gegenüberstehende Ufer zu vertilgen, abbrüchige Ufer zu decken, dem reissenden Strome eine verlangte Richtung anzuweisen, oder seinen schädlichen Einwirkungen jeder Art Grenzen zu setzen. „Es ist von dem grössten Vortheil, sagt Eytelwein * wenn man bei Stromverbesserungen anstatt der kostbaren Pfahl- und Steinwerke sich der Faschinenbaue bedient.“ Durch keine Bauart kann der Wasserbaumeister seinen Zweck so sicher und wohlfeil erreichen, als durch diese. Es lassen sich Faschinenwerke auf jede Tiefe versenken, ohne erst Vorbaue und Wasserschöpfvorrichtungen anlegen zu müssen, wie bei Stein- und Holzdämmen nothwendig ist.

* Praktische Anweisung zur Bauart der Faschinenwerke, 2te Aufl. S. 1.

Der Bau vermittelst Faschinen kann in allen Gattungen von Flussbetten und andern Gewässern statt finden, und weil das Material nur aus lauter Reisern, Erde und kleinen Pfählen besteht, entstehen dadurch keine Höhlungen, wie es bei Holzverschlägen leicht der Fall ist, wodurch endlich der Wasserbau unterwaschen und zerstört wird. Selbst in Triebsand, wo jede andere Bauart immer ausserordentlich schwierig und kostbar ist, sind Faschinenwerke die zweckmässigsten Vorrichtungen. Der Eisgang richtet oft die kostbarsten Bohl- und Pfahlwerke zu Grunde, und der Frost zersprengt die festesten Mauerwerke, da hingegen die Faschinenwerke dem Stosse des Stromes, der Gewalt des Eisganges und der Einwirkung des Frostes trotzen.

Ueberdies erhalten sich Faschinen unter dem Wasser ausserordentlich lange unversehrt, und ihre Vergänglichkeit über dem Wasser kann oft durch Bepflanzungen der ausschlagenden Weidenreiser dergestalt verhütet werden, dass die Werke sich zuletzt in einen wachsenden Körper umwandeln, der sich durch sich selbst erhält, und von dem man noch durch den grünen Ausschlag Nutzen ziehen kann.

Schilfrohr.

Arundo phragmites L.

Das gemeine Schilfrohr, welches beim Bauwesen gebraucht wird, wächst an den Ufern sumpfiger Teiche, an Gräben, Landseen und in Flüssen. Die Halmen sind 4 bis 10 Fuss hoch aufrecht, gewöhnlich einfach, gestreift, holzig und glatt. An den unteren Knoten ist der Halm ein wenig weichhaarig. Es hat lanzettförmige Blätter, die oft zwei Fuss lang, einen Zoll breit, genervt und am Rande schneidend sind.

Man schneidet das Rohr im Winter, wenn es stark gefroren hat, weil es dann ganz reif ist, und man auf dem Froste am bequemsten dazu kommen kann. Altes Rohr ist besser als frisches, und das lange und dickstenglige, als das niedrig gewachsene und dünnstenglige Rohr.

Gebrauch. Zum Eindecken der landwirthschaftlichen Gebäude. Ein mit Rohr gedecktes Dach ist weit dauerhafter als ein Strohdach. Das zum Dachdecken bestimmte Rohr wird ungeschält, oder in seinem natürlichen Zustande, gebraucht. Das von seiner Schale und Blättern befreite wird zum Berohren hölzerner Fachwerkswände, welche mit Mauersteinen ausgesetzt sind, wie auch zu geschalten Decken, Bretterwänden und andern Gegenständen, benutzt. (S. Mörtel, Anputz. Bd. 2.)

Auch wird es zu Flechtwerken und Webekämmen gebraucht.

Ein Kubikfuss dichtes geschältes trockenes Schilfrohr wiegt 10 Pfund.

Wassermoos,

Sphagnum acutifolium Hedw.
Sphagnum palustre L.
und

Waldmoos,

Polytrichum com. Hedw.

Gebrauch. Weil das Ausmauern der Steine mit Kalkmörtel bei Brunnen nicht von langer Dauer, und die Einwirkung des Kalkmörtel der Güte des Wassers nachtheilig ist, so bedient man sich des Mooses, als eines Futtermaterials zur Verdichtung der Steinfugen beim Ausmauern der Brunnen. Das Wassermoos hat vor dem Waldmoose den Vorzug weil letzteres nicht so lang und wollig als ersteres ist, Es ist sehr weich und schwillt wenn es auch noch so lange trocken gelegen hat, von der Feuchtigkeit wieder auf. Man benutzt das Waldmoos als Futtermaterial für trockenes Mauerwerk, und zur Verstopfung der Fugen der ganz aus Holz errichteten Gebäude, zur Ausfüllung doppelt verschaalter Bretterwände u. dgl. m.

Nach Gilly * ist das Einlegen der Dachziegel in Waldmoos bei landwirthschaftlichen Gebäuden eine gute Verfahrungsart, ein wasserdichtes Dach zu erhalten. Das untergelegte Moos ist gut geeignet, das Eindringen des Schneegestöbers zu verhüten. Bei runden oder bei Bohlendächern leistet es vorzügliche Dienste, wenn man nämlich diejenigen Theile der untern Ziegelsteine, die von den obern überdeckt werden, gut mit Moos unterlegt.

* Landbaukunst, 2. Theil Seite 174.

Stroh.

Gebrauch. Sowohl Waitzen- als auch Roggenstroh wird zum Eindecken der Stallungen, Scheuren und anderer Gebäude in der Landbaukunst benutzt. Auch zu Lehmschindeln, Lehmpatzen und Staakarbeiten.

Zum Dachdecken ist Roggenstroh am tauglichsten, weil es zäher ist, und gewöhnlich auch längere Halme hat als das Waitzenstroh. Man wählt zum Dachdecken das längste und geradeste gedroschene Stroh.

Zu Lehmpatzen, gestaakten Wellerwänden und andern Lehmarbeiten ist schlechteres Stroh anwendbar.

Für Wirthschaftsgebäude hat ein Strohdach und auch ein Rohrdach den Vortheil, dass es im Winter warm und im Sommer kühl ist, und weder Regen noch Schneegestöber durchlässt. Es erhält die Früchte, die unter dem Dache liegen, trockener und besser als Ziegeldächer. Solche

Gebäude haben aber dagegen die grosse Unvollkommenheit, dass sie feuergefährlich sind.

Ein Bund Stroh wie es aus der Scheure zusammen gebunden kommt wiegt gemeiniglich 18 bis 21 Pfund.

Taue.

Der Gebrauch der Taue in der Baukunst ist, wie jedermann weiss, sehr mannigfaltig.

Bei Anwendung der Taue kommt es an auf die absolute Stärke, d. h. auf die Kraft, welche zum Zerreissen derselben erforderlich ist

Taue von derselben Dicke sind den Versuchen gemäss desto stärker, je feiner und länger die Fäden des Materials in ihrem natürlichen Zustande sind, aus denen sie bestehen, je feiner demnach die Fasern des Hanfes oder Flachses sind, aus denen sie verfertigt wurden. Aus angestellten Versuchen über die Stärke der Stricke ergiebt sich, dass die absolute Haltbarkeit der Taue, bei gleicher Güte des Materials, sich verhalte wie die Zahl der gleich dicken Fäden, aus welchen sie zusammen gesetzt sind.

Das Winden vermindert die Stärke der Stricke, daher sind geflochtene Schnüre stärker als gedrehte Seile.

Durch das Drehen kommen die Fäden in einen gespannten Zustand, den man so ansehen kann, als ob sie schon eine Belastung trügen.

Die Drehung der Fäden sollte höchstens nur so weit getrieben werden, dass das Tau nur $\frac{1}{5}$ seiner Länge dadurch verkürzt werde.

Die Stärke dicker Taue, welche aus mehreren Stricken bestehen, und stärker als dünne Seile gewunden werden, nimmt folglich nicht genau zu, in Verhältniss ihrer Dicke. Und weil das Drehen die Fäden schwächt, so drehet man bei der Verfertigung derselben das Tau nach der entgegengesetzten Richtung, in der die einzelnen Litzen gewunden sind, woraus das Tau besteht, weil dadurch die letzteren in eine nachgebende Lage versetzt werden.

Getheerte Taue sind nicht so stark als ungetheerte und feuchte und nasse Taue sind nicht so stark als trockne, weil sie durch das Eindringen der Nässe sich verkürzen, und mehr Spannung bekommen. Das Betheeren hat dieselbe Wirkung als die Nässe.

Die Stärke der Taue wird beträchtlich geschwächt durch die allmählige Einwirkung von Feuchtigkeit; es ist daher durchaus erförderlich, dass Taue immer möglichst trocken gehalten, und an trockenen Orten aufbewahrt werden.

Ein Tau, welches um einen runden Körper gebogen ist, leistet weniger Widerstand, als wenn es der Länge nach gezogen wird.

Das Gewicht der Taue von demselben Material nimmt zu, in dem Verhältniss ihrer Maasse, und ihr Gewicht bei gleicher Länge verhält sich wie die Quadrate ihrer Durchmesser. Wiegt ein Tau z. B., das ein Zoll stark ist, 30 Pfund, so wiegt ein zwei Zoll starkes und gleich langes Tau 120 Pfund; und bei verschiedener Längen verhält sich das Gewicht wie das Quadrat der Durchmesser, multiplicirt mit der Länge des Taues.

Dritter Theil.

Bausteine.

Die Anwendung der Steine in der Baukunst erstreckt sich auf Gebäude aller Art; selbst hölzerne aus Fachwerk errichtete und auch solche Gebäude, deren Wände bloss aus Holzstämmen bestehen (Blockhäuser), müssen steinerne Grundmauern haben, ohne welche das Gebäude keine Dauer haben kann. Auch für Mauerwerk von gestampfter Erde, oder von Luftsteinen, ist ein Unterbau von Steinen schlechterdings erforderlich, damit die Feuchtigkeit des Bodens die Erd- oder Lehmwände nicht erreiche.

Die ältesten Werke der Baukunst, zu denen kaum die Geschichte noch reicht, waren bloss von Stein erbaut. An den ägyptischen Denkmälern, so wie auch an mehreren griechischen Tempeln, ist keine Spur eines anderen Baumaterials wahrzunehmen. Sie hatten steinerne Balken und steinerne Decken. Bei dem horizontalen Dachwerke wurden die Balkensteine von einer Mauer oder von einer Säule zur andern überlegt, und anstatt der Deckbohlen wurden Steinplatten gebraucht, welche von oben die Räume zwischen Balken und Balken deckten.

Aus Mangel an langen Balkensteinen war es nicht möglich, weite Flächen zu überdecken, daher war man verpflichtet, in den innern Räumen Säulen aufzustellen, um die nöthigen Stützen für das steinerne Gebälk zu haben.

Die Decke des Tempels des Theseus * zu Athen bestheht aus marmornen Balken, die von der Mauer herüber bis auf das Gebälk der Säulen reichen, und diese sind so gelegt, dass ihre Köpfe auf die Triglyphen passen. Darauf liegen Marmortafeln, die den Raum zwischen den Balken zudecken, und mit kleinen viereckigen Oeffnungen versehen sind, die wieder mit Marmortafeln gedeckt sind, und an der innern Ansicht vertiefte Felder bilden.

Die Kunst, Steine nach gewissen Regeln so zu behauen, dass, wenn sie zusammengesetzt wer-

* Le Roy Monum. de la Grèce. P. II. p. 7.

den, einen vorgeschriebenen Bogen bilden, war damals noch nicht bekannt.

Es kann jetzt nicht genau ausgemittelt werden, wenn und bei welchen Völkern die Kunst, zu wölben, ihren Anfang genommen hat. So viel ist gewiss, dass die Aegypter und die anderen Völker, welche gleichzeitig mit den Aegyptern waren, die Bogen-Construction aus keilförmig gehauenen Steinen nicht verstanden; wenigstens finden wir weder in den alten Schriftstellern, welche als Augenzeugen die Denkmäler dieser Nationen beschrieben, noch in den vorhandenen Ueberresten ihrer Bauwerke eine Spur, welche verrathen liesse, dass sie die Kunst verstanden, aus keilförmigen Steinen zusammengesetzte Decken, die nach einer gebogenen Fläche über ein Gebäude oder über einzelne Theile desselben sich erstrecken, verstanden.

Die Etrusker sind die ersten, bei denen wir diese Art zu bauen entdeckten. Mehrere Alterthumsforscher vermuthen daher, dass sie die Erfinder der Kunst, Gewölbe zu bauen, sind, wenn nicht etwa die Griechen diese Kunst schon ausgeübt, und sie den Etruskern gelehrt haben.

Das grosse Thor in den Ruinen von Volaterra, die sogenannte *Porta Herculis,* ist eines der schönsten Ueberbleibsel dieser Bauart bei den Etruskern, aus dem wir sehen, dass sie gewusst haben, die Werkstücke nach dem Steinschnitte zu bearbeiten. Noch einige andere Thore zu Volaterra, und vorzüglich ein unterirdisches Wasserbehältniss daselbst, zeugen, dass die Etrusker in der Kunst, zu wölben, sehr geübt gewesen sind. Nach dieser Zeit ist dieser wichtige Gegenstand der Baukunst allgemein geworden, und die Griechen und Römer brachten es sehr weit darin.

Chemische Beschaffenheit der Steine im Allgemeinen.

Die gewöhnlich vorkommenden Gebirgsteine, aus welchen der feste Theil unseres Erdkörpers bestehet, sind natürliche Verbindungen von zwei, drei, oder vier Erdarten. Fast alle bestehen aus Kieselerde, Thonerde, Kalkerde und Talkerde, welche zwei zu zwei, drei zu drei, vier zu vier chemisch mit einander verbunden sind, die meisten enthalten öfters andere erdige Körper eingemengt, und gemeiniglich auch kleine Beimischungen von Metalloxyden, wovon gewöhnlich ihre Farbe herrührt. Diese sind vorzüglich Eisen und Manganoxyd. Die Kieselerde, die Thonerde, die Kalkerde und die Talkerde kommen am häufigsten und reichlichsten in den sogenannten gemischten Steinen vor, welche die Gebirge und Felsen zusammensetzen. Und diese stellen Verbindungen dar, die nach Verschiedenheit ihrer äusseren Beschaffenheiten verschiedene Namen erhalten haben. Die übrigen Erdarten finden sich weit seltener in den Steingattungen, welche einer technischen Benutzung fähig sind.

In einigen Gebirgssteinen ist eine Erde einzig und allein mit einer wirklichen Säure verbunden, so das dadurch die chemische Beschaffenheit der Steinart charakteristisch bestimmt wird.

Kalkstein- Marmor- und Kreide-Gebirgsmassen z. B., welche in jedem Welttheile gefunden werden, sind chemische Verbindungen der Kohlensäure mit Kalkerde; und Gypsberge bestehen aus Kalkerde und Schwefelsäure. Mehrere andere Steingattungen sind chemische Verbindungen einer Säure mit andern Erdarten.

Erinnerung an einige Gegenstände des chemischen Lehrkursus in Beziehung auf diese Thatsachen im Vortrag.

In einigen Gebirgsarten spielen gewisse Erdarten ganz die Rolle einer Säure; diess ist vorzüglich der Fall mit der Kieselerde und Thonerde. Diese bilden demnach Silikate. Die meisten sind Silikate der Thonerde, der Kalkerde, und der Talkerde, mit Eisenoxyd chemisch verbunden.

Was man gemeiniglich Garten- oder Ackererde nennt, ist nichts weiter als ein Gemenge verschiedener Erdarten im pulverförmigen Zustande, mit mehr oder weniger organischen Stoffen verbunden.

Die allgemeinen chemischen Eigenschaften, wodurch sich die Erden und Steine von anderen Naturkörpern auffallend unterscheiden, sind hauptsächlich folgende.

Das eigenthümliche Gewicht der Steine und Erden übersteigt nie 4,9. Sie sind unverbrennlich, geschmacklos, und alle sind unauflöslich in Wasser, wenn sie mit Kohlensäure verbunden sind. Alle haben im reinen Zustande die Form eines weissen Pulvers.

Mehrere Erden können sich mit einander, und auch mit Metall-Oxyden, chemisch venbinden und bilden Verbindungen, wovon mehrere einer technischen Benutzung fähig sind.

Wenn man einige Erden mit einander vermengt und das Gemenge einer Glühhitze aussetzt, liefern sie eine sehr leicht schmelzbare Zusammensetzung, während andere Gemenge Verbindungen hervorbringen, die eben so streng schmelzbar sind als die Erden, aus denen sie zusammengesetzt sind, z. B. Ziegelsteine, Töpferwaare, Porzellan u. dgl. m.

Im engeren Sinne des Wortes müssen alle Steine und Erden als Oxyde metallischer Grundstoffe angesehen werden. Die Versuche von Davy, Berzelius und anderen Chemikern haben bewiesen, dass sie aus einer metallischen Grundlage und Sauerstoff bestehen, oder sich im Zustande von Oxyden befinden.

Erinnerung an einige Gegenstände des chemischen Lehrkursus in Beziehung auf diese Thatsachen im Vortrag.

Beurtheilung der Güte und Auswahl der Bausteine.

Wenn ein Baumeister in ein Land kommt, so kann er mit einem Blicke einigermaassen die Beschaffenheit der Bausteine in Hinsicht ihres Verhaltens beurtheilen, wenn er auf den Zustand der alten Gebäude Acht gibt. Er wird bemerken, dass die Steinarten, welche von der Witterung leiden, an der sogenannten Wetter- oder an der Abend- und Mitternachtseite der Gebäude am meisten zerstört sind.

Der Stein muss eine gehörige Festigkeit haben, indem er sonst nicht in senkrechter so wohl als in horizontaler Lage der auf ihn wirkenden Last widerstehen kann. Steine, welche in allen Punkten aufliegen, und nur mässig fest sind, widerstehen, wenn sie nirgends hin ausweichen können, einer sehr grossen Belastung, wie man diess an alten, aber dünnen, Mauern sehen kann.

Es wird behauptet, dass Steine, wenn man sie so viel wie möglich bei dem Vermauern in eben der Richtung anbringt, welche sie im Bruche hatten, nämlich horizontal, die grösste Last tragen können. Dieses hat seine Richtigkeit, wenn der Stein ein blättriges Gefüge hat. Man kann solche Steine mit den Blättern eines Buchs vergleichen, indem, wenn man solches auf die hohe Seite stellt und dann belastet, die Blätter auseinander weichen würden. Bei Gewölben hingegen müssen die natürlichen Schichtungen solcher Steine, immer nach dem Mittelpunkte des Gewölbes zu gehen. Es gibt aber viele Steinarten, welche nicht aus flächenähnlichen Theilen bestehen, deren Breite und Länge nicht sehr von einander verschieden sind, sondern die vielmehr ein unebenes unregelmässiges, zuweilen sogar ein muschelförmiges Gefüge haben. Bei solchen Steinen kann folglich obige Regel nicht in Anwendung kommen.

Einige Arten Gebirgssteine, vorzüglich alle thonartige Sandsteingattungen, sind wegen der Feuchtigkeit, welche sie im Innern der Erde enthalten, beträchtlich weicher, wenn sie aus dem Bruch kommen als nachher. Sie erhärten allmählich an der Luft. Solche Steine werden deshalb so viel wie möglich sogleich aus dem Groben behauen, oder kunstmässig für die verlangten Zwecke zugerichtet, wenn sie nämlich als Quadersteine oder Werkstücke benutzt werden sollen.

Diejenigen Steinarten, welche eine ungleiche Farbe, ein geflecktes, gestreiftes, oder geadertes Ansehen haben, und vorzüglich wenn sie zugleich ein grobkörniges Gefüge haben, sind weniger dauerhaft als solche Steine von derselben Gattung, welche einfarbig und feinkörnig sind. Man muss sich hüten, dergleichen geaderte oder bunte Steinarten für gebogene Ueberlagen und Decken grosser Gewölbe zu verarbeiten, weil Beispiele, dass ein einziger Stein von der Art ein ganzes Gewölbe wandelbar gemacht hat, häufig genug sind. Bei den scheitrechten Gewölben sind solche Steine vorzüglich gefährlich, wird ein einziger Stein wandelbar, so schiesst das Gewölbe ein.

Alle Steinarten, welche Adern oder eingesprengte Nester von Eisenoxyd, oder Manganoxyd enthalten, sind an den Stellen, wo sich diese fremdartigen Körper befinden, der Verwitterung unterworfen. Der Stein erhält dadurch zuerst ein übeles Ansehen, die Verwitterung greift nach und nach die einzelnen Gemengtheile der Steinmassen an und arbeitet sichtbar fort an ihrer Zerstörung. Einige Kalksteinarten vom feinsten Korne, vorzüglich wenn sie thon- und talkerdehaltig sind, haben oft fein zertheilten Feldspath in Nestern eingesprengt, dieser ist unter solchen Umständen vorzüglich geeignet, durch seine Verwitterung die härtesten Quadern und Werkstücke zu zerstören.

Hinweisung auf Oertlichkeiten hier in Berlin, als Beläge dieser Thatsachen, im Vortrag.

Alle Quadersteinarten, welche ein blättriges Gefüge haben, vorzüglich wenn der Durchgang der Blätter braun, roth, oder schwarz gefärbt ist, sind geneigt, an feuchten Orten sich aufzublättern. Sollten es Umstände unmöglich machen, dergleichen Steinarten beim Baue gänzlich zu vermeiden, so vermaure man sie wenigstens an solchen Orten, wo sie der Einwirkung der Feuchtigheit und der Berührung der Luft nicht ausgesetzt sind. Durch diese Bedingungen wird ihre Brauchbarkeit merklich erhöhet. Der Zerstörungsprozess solcher Steinarten beginnt meist mit dem Entstehen zarter Haarrisse, deren allmähliche Erweiterung von wechselnden Durchnässungen und Wiederaustrocknungen der Gesteinmasse begünstigt wird.

Einige der festesten Steingattungen, vorzüglich Granit, Syenit, Porphyr und Breccien, enthalten in ihren Massen Ritzen und Steinablösungen, die durch das äussere Ansehen nicht leicht entdeckt werden können; wenn nun, durch diese, Feuchtigkeit in das Innere des Steines eindringt und gefriert, so kann es leicht geschehen, dass, vermöge der ausdehnenden Kraft des gefrierenden Wassers, Stücke vom Steine losgesprengt werden. Die Blöcke dieser Steinarten sollten immer ein Jahr lang der Witterung ausgesetzt werden, ehe man sie zum Baue verwendet.

Steine, welche zu Bauwerken über der Erde gebraucht werden, dürfen nicht Wasser aus der feuchten Luft begierig einsaugen und hartnäckig zurückhalten, sie begünstigen das Entstehen und Gedeihen der Moose und * Flechten, die dergleichen Steine öfter mit einer grün ge-

* *Conserva muralis Dill.*

färbten schmierigen Decke überziehen. Zum Grundbau sind sie jedoch anwendbar.

Hinweisung auf Oertlichkeiten hier in Berlin, als Beläge dieser Thatsachen bei'm Vortrage.

Auch darf der Stein nicht viel Nässe einsaugen, weil er sonst leicht (jedoch nicht jede Steinart) durch den Frost leidet. Diese Eigenschaft kann man leicht erfahren, wenn man den Stein nur einige Zeit in's Wasser legt und erforscht, wenn er wieder aus demselben kommt, ob er beträchtlich an Gewicht zugenommen habe oder nicht.

Steine, die sehr feucht aus dem Bruche kommen, müssen in jedem Falle, vor der Vermauerung, an der Luft gehörig austrocknen, denn sonst haftet der Mörtel nicht darauf, und in Gemäuer eingeschlossen und auswendig mit Mortel überzogen, trocknen sie nicht mehr aus.

Man thut überhaupt wohl, dass man die von den Steinmetzen zuzuhauenden Bausteine ein Jahr lang der freien Luft und Nässe aussetzt, ehe man sie verarbeitet, wodurch man erfahren wird, welche Veränderungen sie in der Witterung erleiden.

Bauwissenschaftliche Eintheilung der Steine.

Man gebraucht in der Baukunst zweierlei Arten von Steinen; nämlich: Natürliche Steine, und künstliche Steine.

Natürliche Steine sind solche Steinmassen, aus denen die feste Kruste unseres Erdballs besteht.

Künstliche Steine sind dagegen steinartige Körper, welche aus einer weichen, plastisch-erdigen Substanz durch Kunst gebildet sind, indem sie in eine Form gebracht wurden und nachmals an der Luft getrocknet, oder durch Einwirkung des Feuers gebrannt werden.

Bruchsteine.

Obwohl man mit dieser Benennung alle diejenigen Felsenmassen und Geschiebe gemeiniglich bezeichnet, welche aus Steinbrüchen gewonnen werden, so nennt man doch in der Baukunst nur solche Steine Bruchsteine, welche als Trümmer der Gebirgsmassen vorkommen und eine vielseitige unebene Gestalt haben und als solche ohne weitere Bearbeitung benutzt werden. Jede Steinart kann folglich als Bruchstein vorkommen.

Gebrauch. Zu Grundmauern, Hauptmauern, Umfassungsmauern und überhaupt zu allen Arten von Mauerwerk. Für durchaus massives Mauerwerk werden die Bruchsteine so viel als möglich auf ihre ebenste und grösste Fläche gelegt und die Lücken inwendig und auswendig mit kleinen Bruchstücken ausgezwickt, damit nur so viel Mörtel zwischen die Steinfugen eindringen könne, als eben nöthig ist, um im Mauerwerke keine unausgefüllte Höhlungen zu lassen.

Gemeiniglich werden die äusseren Flächen der Bruchsteinmauern zwar eben gemacht, indem der Maurer dazu solche Steine verwendet, die wenigstens eine gerade Fläche haben, aber inwendig bleibt das Mauerwerk höckrig, und mehrere der grössten Steine werden so vermauert, dass sie durch die ganze Breite der Mauer hindurch gehen.

Bruchsteinmauern werden allezeit dicker errichtet als Ziegelsteinmauern, (selten unter 2 Fuss dick) und zwar theils deswegen, weil die vielen Zwischenräume, welche die ungleichseitigen Steine nothwendigerweise verursachen, eine grössere Menge Mörtel erfordert, wodurch das Mauerwerk zum Theil weniger Festigkeit, durchaus erhält, theils auch deswegen, weil die Steine keinen vollkommen regelmässigen Verband zulassen.

Auch benutzt man Bruchsteine in der Landbaukunst oft zum Ausfüttern der Brunnen. Für diesen Zweck werden sie, so hoch als das Wasser im Brunnen steht, in Wassermoos gesetzt.

Die Griechen und Römer bedienten sich der Bruchsteine häufig zum Ausfüllen oder Ausgiessen dicker Mauern, (Gussmauern oder gefüllte Mauern) und zu den sogenannten Gussgewölben.

Für die Anfertigung der gefüllten Mauern* führten sie nämlich von den regelmässigsten Bruch- oder auch von Quadersteinen, zwei gewöhnlich gleichlaufende Mauern auf die in einer durch die verlangte Dicke der gefüllten Mauer be-

* Vitruv Architectur. L. 2. c. 8.

bestimmte Entfernung von einander abstanden. Den Zwischenraum beider Mauern füllten sie mit einem Gemisch von Bruchsteinen von unregelmässiger Gestalt an, und gossen die Höhlungen, welche die Steine unter sich bildeten, mit Mörtelbrei aus, der alles zu einer Masse verband.

Für die Anfertigung der Gussgewölbe brauchte man die Bruchsteine auf folgende Weise. Man verfertigte das Bogengerüst in Holz nach der Gestalt, welche das Gewölbe erhalten sollte, und im Falle dass Rippen, Querbänder oder Gradbogen, von Backsteinen zu machen waren, wurden diese auf der Rüstung zuerst aufgemauert und dann darüber und dazwischen das Ganze mit einem Gemische von Bruchsteinen oder Ziegelsteinen und Puzzolanomörtel kübelweise bis zur erforderlichen Dicke der Wölbung übergossen, und zwar allmählich und gleichsam schichtenweise, damit der Guss einigermassen austrocknen könne. Nach der Vollendung des Gusses liess man das Ganze so lange ruhen, bis die Mörtelmasse beträchtlich erhärtet war. Nach der Wegnahme der Rüstbretter stand alsdann das Gewölbe vollendet da, bis zum Anwurfe und Abputze.

Ein grosses Gussgewölbe konnte auf diese Art durch eine Menge Menschen in wenigen Tagen vollendet werden. Diese Art, zu wölben, sieht man in den Denkmälern, wo der Abputz abgefallen, oder wo die Gewölbe eingestürzt sind, am Colossen, in den Bädern des Titus, des Caracalla, des Diocletian und besonders in den weitläufigen Ruinen der Villa Hadriani, wo sich noch die Lagen der Bretter von den Gerüsten der Gewölbe zeigen. An mehreren sieht man noch deutlich, dass der Guss nicht auf einmal, sondern schichtweise aufgetragen ist. Gewöhnlich sind bei den Gussgewölben der Alten nur die Gurtbogen, Gradbogen und die Hauptrippen von Backstein, alles übrige ist aus Bruchstein-Mörtelguss angefertigt.

Hirt * fand in den Ruinen der Villa des Mäcenas zu Tivoli eine freistehende, aus Bruchsteinen aufgeführte, 20 Fuss hohe Säule, die ausser dem Anwurf, der beinahe ganz abgefallen

* Baukunst nach den Grundsätzen der Alten. Seite 50. und Seite 147.

ist, noch unversehrt dasteht und ein Meisterstück in ihrer Art ist. Auch sieht man in denselben Ruinen mehrere Reihen Halbsäulen auf eine ähnliche Weise mit kleinen Bruchsteinen gemauert. In den Ruinen des alten Casinum sah Hirt einen beträchtlich grossen Wasserbehälter, dessen Wände zwischen Brettern wie in einer Form aus Bruchsteinen mit Mörtel vermengt gebildet waren, die Form der Bretter ist auf der Oberfläche von beiden Seiten der Mauern noch sichtbar.

Ein Kubikfuss Bruchsteine wiegt ungefähr 140 bis 170 Pfund.

Gehauene Steine oder Quadersteine.

Solche Bruchstein-Blöcke, welchen man kunstmässig eine symmetrische Gestalt gegeben hat, nennt man Quadersteine oder Werkstücke.

Man gibt der Grundfläche des Steins bald die Figur eines Quadrates, bald die irgend eines Parallelogrammes, oder eine andere symmetrische Form.

Die Oberfläche der Quadersteine wird verschiedentlich bearbeitet, zuweilen mehr oder weniger rauh, so dass die Spuren des Meissels noch zu sehen sind, oder die Oberfläche ist glatt. Zuweilen ist der Stein mit einem schräg vertieften Rändchen umzogen.

Jede Steinart kann zwar durch kunstmässige Bearbeitung in eine symmetrische Gestalt gebracht werden, aber nicht alle lassen sich ohne grosse Mühe und folglich nicht ohne beträchtliche Kosten regelmässig bearbeiten.

Die zu Quadern zu verarbeitenden Steinblöcke müssen wenigstens dann, wenn sie aus dem Bruche kommen, nicht sonderlich spröde und nicht rissig oder zerklüftet seyn. Auch müssen sie sich sägen lassen und ein ziemlich feinkörniges Gefüge haben.

Die Steinblöcke werden deshalb, wenn sie aus dem Steinbruche kommen, und noch von Feuchtigkeit durchdrungen sind, aus dem Groben behauen und einigermaassen regelmässig zugerichtet. Sollen feinere Werkstücke daraus verfertigt werden, so kommen sie in die Werkstätte des Steinmetz. Dieser zeichnet mit Blutstein (faserigem rothen Eisenstein) die Linien und Flächen vor, welche das Quader- oder Werkstück erhalten soll. Dem gemäss wird die Bearbeitung gemacht.

Sollen die Flächen des Steins fein bearbeitet und polirt werden, so werden sie erst mit einem ebenen feinkörnigen scharfen Sandstein, dann mit Bimmstein abgerieben, und nachher mit Trippel, Zinnoxyd, rothem Eisenoxyd, Blei oder andern Polirmitteln, nach der Verschiedenheit des Steins, geschliffen und polirt.

Das Sägen der Steine geschieht mit zahnlosen Sägen, indem die Arbeiter scharfkörnigen Sand oder auch wohl Schmirgel, wenn die Steinart ausserordentlich hart ist, in den Schnitt bringt und die nöthige Menge Wasser hinzutröpfeln lässt.

Vorzeigung mehrerer polirter Quadersteine, welche in der Prachtbaukunst gebraucht werden, im Vortrag.

Gebrauch. Sie sind wegen ihrer ebenen Flächen und Gestalt zum Mauern äusserst bequem und beschleunigen sehr den Bau. Zu Wölbungen und wo Bogen-Constructionen grossen Erschütterungen ausgesetzt sind, wie z. B.

Brücken, oder Gewölbe, die viel zu stützen haben, leisten gehauene Steine die vortrefflichsten Dienste.

Bei dem gewöhnlichen Mauerwerk mit Quadern erhalten die Steine nach der Breite und Länge ein solches Verhältniss, dass die Fugen in den Reihen über einander gut gedeckt werden. Die Steinfugen werden gemeiniglich gar nicht, oder bloss mit dünnem Kalkbrei, oder bei'm Wasserbau mit Cement oder hydraulischem Mörtel ausgegossen. Daher sind genaue Flächen und richtige Abmessungen bei Bearbeitung der Quadersteine durchaus nothwendig.

Die Alten bedienten sich der Quadersteine weit häufiger, als es jetzt der Fall ist. In Griechenland findet man nicht nur noch sehr viele Tempelgebäude, Denkmäler und andere Prachtmonumente, sondern auch Stadtmauern ganz aus Quadern erbaut, wie z. B. die Mauern von Messene im Peloponnes, von Syrakus, von Paestum und mehrere andere.

In den Zeiten des Plinius * sah man zu Cyzikum einen Tempel Jupiters, wo der Bau-

* Plinius. 36. Buch. §. 22.

meister einen Golddraht zwischen den Fugen der polirten Marmorquadern eingelegt hatte.

Bei verblendeten Quadersteinmauern werden nur die äussern ins Gesicht fallenden Flächen, und diejenigen Theile der Steine, die sich unmittelbar einander berühren symmetrisch verarbeitet, der hintere Theil des Steins wird unbearbeitet gelassen. Die Steine werden beim Quadersteinbau mit Klammern, Pflöcken, Krammen oder Ankern, wo es erforderlich ist, verbunden. Gegen die horizontale Verschiebung der Quadern oder Werkstücke bedient sich der Steinmetz oft der aus Büchen oder einer anderen harten Holzart geschnittenen Pflöcke, wenn die verbundenen Theile immer im trocknen bleiben, und gegen den vertikalen Schub sichert man die Steine vermittelst Krammen verschiedener Art, die gemeiniglich aus Eisen und auch aus Steinstücken verfertigt werden.

In vielen Monumenten des Alterthums haben die Quadersteine und Werkstücke keine andere Verbindung unter sich als diejenige, welche sie durch ihre eigene Schwere und Lage in der Mauer erhalten. In andern bestehen die Dübel,

Anker und Klammern aus Bronze, oder auch wohl aus Olivenbaumholz.

Vorzeigung mehrerer Muster, zu Quadersteinen verarbeiteter Gebirgsarten, welche in hiesiger Gegend beim Bauwesen gebraucht werden.

Sandstein-Quadern.

Mineralogische Unterscheidungskennzeichen der Sandsteine im Allgemeinen.

Sandsteine überhaupt bestehen entweder aus einerlei, oder aus verschiedenen, oft kaum mit dem blossen Auge zu unterscheidenden Trümmern anderer, vorzüglich kieselartiger, Gebirgsmassen, welche durch ein Bindungsmittel, das zuweilen kiesel- zuweilen thonartig ist, zu einer Steinmasse zusammen gekittet sind. Die Grösse der Körner, woraus die Sandsteinarten bestehen, ist sehr verschieden, gemeiniglich sind sie an den Ecken abgerundet, oft aber auch scharfkantig. Die Masse des Bindungsmittels macht nie den vorwaltenden Gemengtheil aus. Man hat weisse, graue, braune, pfirsichfarbige, rothe, schwarze, auch gefleckte und farbig geaderte Sandsteine.

Keine Steingattung bricht im Allgemeinen in so grossen geschichteten Blöcken als der Sandstein, und zwar in Flötzgebirgen, und dieses macht ihn für die Baukunst vorzüglich zweckmässig. Perrault wandte beim Bau des Louvre's zum Frontispice einen Sandsteinblock an, welcher 54 Fuss lang, 8 Fuss breit und 14 Zoll dick war.

Kieselsandstein.

Vorzeigung mehrerer zu Quadern verarbeiteter Sandsteinarten, welche bei uns zum Bauen gebraucht werden, im Vortrag.

Der Kieselsandstein, den man gemeiniglich zu Quadern und Werkstücken verarbeitet, besteht aus Quarzkörnern von der Grösse eines kaum sichtbaren Sandkorns bis zu der eines Mohnsamenkornes. In den feinsten Kieselsandsteinarten sind die Körner so klein, dass sie nur mit Hülfe eines Vergrösserungsglases gesehen werden können. Die Körner sind mit einem Cemente, der ebenfalls kieselartig ist, zusammen gekittet. Zuweilen ist von den bindenden Kieselkitte nichts zu erkennen, die einzelnen Quarzkörner greifen scharf in einander, und der Stein hat dann das Ansehen einer gleichförmigen Masse. Er gibt Feuer mit Stahl.

Die Farbe des Kieselsandsteins ist gemeiniglich weiss, oder gelblich grau. Er hat einen ziemlich scharfkantigen Bruch. Zuweilen enthält er Adern von Kieselschiefer, Schwefelkieskörnern, rothem Eisenstein, auch wohl Kalkspath. Zu Pulver gerieben, und mit Wasser vermischt, fällt das Pulver schnell zu Boden, und lässt die darüber stehende Flüssigkeit beinahe klar.

Er kommt fast in allen Ländern vor. In Böhmen, in der Gegend von Adersbach und Aussig; am Harz. In Sachsen sind die Sandsteinbrüche bei Pirna berühmt; der Sandstein, welcher hier in Berlin beim Bauwesen benutzt wird, kommt von da her. Auch erhalten wir Sandsteine von Seehausen, von Rothenburg und andern Orten.

Gebrauch. Der Gebrauch der kieselartigen Sandstein-Gattungen ist sehr ausgedehnt. Die feineren Arten verwendet man in der Prachtbaukunst zu Säulen, Gesimsen, Frontons, Architraven, Kapitälern, Thür- und Fenster-Einfassungen und vielen andern Gegenständen. Die gröberen Sorten benutzt man zum Brücken- und Schleuserbau, zu Treppenstufen, zu Krippen, Trögen, zu Mühl- und Schleifsteinen etc.

Die starkspaltigen Sandsteinarten benutzt man mit Vortheil als Platten zum Belegen des Fusses der Mauern, oder der Plinte, zum Pflastern der Hausfluren, zu Treppenstufen u. dgl.

Ein Kubikfuss Pirnaer Kieselsandstein wiegt, wenn trocken, im Durchschnitt 130 bis 140 Pfund.

Die grösste der ägyptischen Pyramiden in der Nähe bei Memphis * ist aus Kieselsandstein erbauet. „Sie ist 520 Fuss hoch und jede der vier Seiten 682 Fuss lang. Sie ist treppenartig gebauet, und also kann man von aussen bis an die höchste Spitze steigen. Es sind 250 Stufen, und wenn man gleich gut zu Fusse ist, so hat man doch ein Paar Stunden zu klettern, ehe man den Gipfel erreicht. Es hat auch die Länge der Zeit, da und dort einige Stufen ausgefressen, dass man sich also wohl in Acht zu nehmen hat, dass man nicht hinunter falle. Oben

* Plin. 36. Buch. §. 17.

ist ein platter Raum, zehn Ellen ins Gevierte, auf dem zur Noth 70 Menschen stehen können. Wenn man aber unten um alle vier Seiten herum gehen will, so beträgt dieser Spaziergang 3840 Schuhe. Man kann in diese Pyramide hineingehen. Der Eingang ist 200 Schritt lang, und sehr eng, ja zuletzt muss man auf den Knien kriechen, und das alles mit Lichtern und Fackeln, weil nirgend ein Loch ist, wodurch das natürliche Licht hinein fallen könnte. Inwendig trifft man allerhand Kammern und Gallerien an, die mit glattem Alabaster ausgesetzt sind, einige sind auch von dem schönsten Marmor und andern glänzenden Steinen. D a z w i s c h e n i s t e i n B r u n n e n , 67 K l a f t e r n t i e f. Mitten in der Pyramide ist das Hauptzimmer, von dem schönsten thebaischen Marmor, 32 Fuss breit uud 40 Fuss lang, und von einer ungemeinen Höhe. Darin steht eine Säule von Marmor, die gibt einen Klang von sich, wie eine Glocke, wenn man mit dem Hammer daran schlägt. In dem Saale steht ein Begräbniss von Porphyr, es liegt aber kein Körper darin, und ist nirgends eine Inschrift oder Nachricht zu finden. Und das ist alles, was inwendig zu sehen ist. Auswärts ist kein Marmor zu sehen, die untern Sandsteinstufen sind 3 Fuss, die obern 4 Fuss."

Rother Kieselsandstein

oder eisenschüssiger Kieselsandstein. Das Bindungsmittel der Kieselgemengtheile dieses Steins ist eisenschüssiger Thon. Seine Farbe ist gewöhnlich pfirsichfarben roth, auch braun. Sein Korn ist sehr verschieden, gemeiniglich grob. Er hat in der Regel einen sandigen Bruch, und ist im Allgemeinen nicht so fest als die farbenlosen Kieselsandsteinarten. Einige sehr feinkörnige Gattungen haben jedoch eine sehr beträchtliche Härte, vorzüglich diejenigen, welche durchaus eine gleichartige Farbe haben, und in denen mit Hülfe eines Vergrösserungsglases keine fremdartige eingemengte Theile sichtbar sind.

Diese Sandsteinart enthält oft Glimmer, häufig auch Nester von rothen Thoneisenstein, zuweilen versteinertes Holz und bituminösen Mergelschiefer.

Er kommt fast in allen Ländern vor. Im Schwarzwalde bildet er zum Theil ununterbrochene und weit verbreitete Lagerungen. Man findet ihn häufig in der Gegend um Heidelberg; auch bei Darmstadt, am Spessart; im Mansfeldischen; Stolbergischen; in Böhmen, zumal um Petersburg, in Tyrol; in den Vogesen u. s. w.

Gebrauch. Als Baustein zu Quadern verarbeitet, wird er häufig benutzt. Er ist schwieriger zu bearbeiten als der farbenlose Sandstein zu Treppenstufen, Sohlbänken, Futtermauern, Radschwellen, Prellpfählen, Laternenträgern. Im allgemeinen ist diese Sandsteingattung weniger dauerhaft im Freien als die weissen Sandsteinarten. Die grobkörnigen halten sich am schlechtesten, auch ziehen sie Wasser aus der feuchten Luft an.

Er gibt nur wenig Feuer mit Stahl. Der hier in Berlin zu Mühlsteinen angewandte Rothenburger rothe Sandstein hat ein specifisches Gewicht von 2,35 bis 2,43 und ein Kubikfuss wiegt im Durchschnitt 160 Pfund.

Bunter Kieselsandstein.

Er unterscheidet sich vom gemeinen rothen Sandsteine dadurch, dass er grün oder braun geadert oder bandartig gestreift ist. Er ist nicht so hart als der gemeine rothe Sandstein. Er gibt einige Funken mit Stahl.

Er kommt häufig vor. Im Thüringischen vorzüglich in der Gegend um Nebra: und an der Thüringschen Seite des Thüringer Waldgebirges; in der Gegend zwischen Bernburg und Aschersleben. Auch am nördlichen Theile des Harzgebirges; im Voigtländischen Gebirge, hauptsächlich im Neustädter und im Leipziger Kreise. Auch im Würtenbergischen zwischen Stuttgard und Tübingen.

Der grösste Theil des Wesergebirges besteht aus bunten Sandstein-Lagern, die mit rothem Sandstein abwechseln.

Gebrauch. Wie der rothe Sandstein. Er ist gemeiniglich sehr zerklüftet.

Ein Kubikfuss wiegt 138 bis 140 Pfund.

Thonsandstein.

Dieser Sandstein ist daran kenntlich, dass er, mit Wasser angefeuchtet, einen starken Thongeruch verbreitet. Er giebt keine Funken mit Stahl und brauset mit Säuren nicht auf.

Er hat in der Regel einen etwas erdigen Bruch und lässt sich leichter bearbeiten als die Kieselsandsteinarten. Er hat eine bläulich, oder grau weisse Farbe, und ist gemeiniglich frei von fremdartigen Beimischungen. Taucht man ihn in Wasser, so nimmt er eine beträchtliche Menge davon in sich, hält es hartnäckig zurück, und es dauert eine lange Zeit, ehe er wieder völlig trocken wird.

Gebrauch. Zu Ofen- und Herdsteinen und anderen Feueranlagen, vorzüglich wo von Steinmetzen zugehauene Steine für die genannten Zwecke erforderlich sind, ist diese Steinart gut geeignet. Er besitzt die Eigenschaft, dass er im Bruche weich ist; der Luft ausgesetzt erhärtet er allmählich und nimmt eine schöne weisse Farbe

an,

an, daher man ihn mit zahnlosen Sägen sogleich nach dem Brechen zersägen kann. Zum Wasserbau ist er vorzüglich gut geeignet, wie auch zum Grundbau in sumpfigem und nassen Boden. Und obgleich er das Wasser hartnäckig zurückhält, so erleidet er dennoch keine Veränderung vom Frost. Man benutzt ihn zu allen Arten von Werkstücken in der schönen Baukunst.

Er kommt bei Lowositz in Böhmen, in Sachsen, bei Seeberg in Thüringen, in der Gegend von Frankenhausen, bei Seebach in der Pfalz, mit Kieselsandsteinlagern abwechselnd, jedoch nicht sehr häufig vor.

Ein Kubikfuss, wenn ganz trocken, wiegt 128 Pfund.

Kalkartiger Sandstein.

Diese Sandstein-Gattung hat Kalk, zuweilen auch Mergel, das heisst, Thon und Kalkerde zum Bindemittel; die Körner sind Quarz. Auch von dieser Gattung giebt es einige Arten, welche, wenn sie aus dem Bruche kommen, etwas weich sind, und an der Luft allmählich erhärten. Die Farbe dieser Steinart ist gewöhnlich grau, gelblich weiss oder braun. Sie ist nicht so hart als der Kieselsandstein.

Man kann die kalkartigen Sandsteine daran erkennen, dass sie mit Salz- oder Salpetersäure schwach aufbrausen. Einige Arten werden von der Salzsäure zum Theil aufgelöst, und nur ihr kieselerdiger Gemengtheil bleibt unangegriffen zurück.

Erläuterung durch Versuche bei'm Vortrage.

Gebrauch. Er stehet ebenfalls als Baustein benutzt ziemlich gut im Freien und auch im Wasser. Der Gebrauch desselben ist wie der Kieselsandstein, die feinkörnigen werden häufig zu Bildhauerarbeiten benutzt. Er ist nicht feuerbeständig. Zu Heerd- und Ofensteinen ist er folglich untauglich. Diejenigen Arten, deren Cement Kalkmergel ist, ziehen Wasser aus der feuchten Luft an und geben daher Anlass zu feuchten Mauern. Diese Abart zeichnet sich gemeiniglich durch eine gelbliche Farbe aus. Die grobkörnigen kalkartigen Sandsteine sind geneigt, von der

Witterung zu leiden. Bei horizontal liegenden Gesimsen und andern Gegenständen sucht man sie durch eine Bedeckung von Zinkblech dagegen zu schützen, auch streicht man wohl die vertikal stehenden Flächen der Werkstücke mit Firniss oder mit Oelfarbe an, wodurch der Stein gegen die Einwirkung der Witterung kräftig geschützt wird.

Ein Kubikfuss wiegt 127 bis 130 Pfund.

Schiefriger Sandstein.

Er besteht aus einem feinkörnigen Kieselsande und Glimmerblättchen, die mit Lagen eines sehr feinen Sandes abwechseln. Er hat eine graue Farbe. Er ist zuweilen deutlich geschichtet und in ziemlich dünne Platten abgetheilt, die regelmässig sich ablösen und leicht auszumitteln sind. Er kommt im Thüringer Walde, in der Gegend von Birke, auch im Mannsfeldischen und am Fusse des Harzes vor. Auch in der Gegend von Helbra in Sachsen.

Gebrauch. Als Fliesen zum Belegen der Fussboden in Küchen, Waschhäusern, als Pflasterstein, zu Grabsteinen, zum Belegen der Plinte, zu Gurt- Fuss- und Brustgesimsen, zu Verschalungen, Verdachungen u. s. w., zum Aussetzen der Schmelzöfen. In einigen holzreichen Gegenden Frankreichs bedient man sich einer Art dünnspaltigen schiefrigen Sandsteins zum Eindecken flacher Dächer, in der Landbaukunst.

Andere Steinarten, welche bei uns zu Quadern und Werkstücken verarbeitet werden.

Granit. Porphyr.
Syenit. Marmor.
Kalkstein.

Vorzeigung dieser Gebirgsarten zu Quadern verarbeitet, wie auch geschliffen und polirt, bei'm Vortrage.

S. Granit, Syenit, Porphyr, Marmor und Kalkstein.

Feld- oder Lese-Steine.

Vorzeigung der in hiesigen Gegenden vorkommenden Feld- oder Lesesteine, welche bei'm Bauwesen gebraucht werden, im Vortrage.

Feld- oder Lesesteine nennt man in dieser Gegend diejenigen Steinarten, welche in unregelmässigen und gemeiniglich in stumpf abgerundeten Massen von verschiedener Grösse, entweder zerstreut auf Feldern, Wiesen, oder in dem Bette der Flüsse, und überhaupt in ebenen Gegenden, oder als Geschiebe auch unter der Dammerde vorkommen. Diese Steine sind offenbar nicht an ihrem Findorte entstanden, sondern aus ihren natürlichen Lagerstätten durch Störungen weggerissen, und dahin geschoben worden, wo wir sie jetzt finden. Jede Gebirgsart kann als Feld- oder Lesestein vorkommen. Diejenigen welche in unseren Gegenden gefunden werden, gehören zu den härtesten Steinarten; die gewöhnlichsten sind Granit, Gneiss, Syenit, Porphyr, Breccien, Quarzfels, Kieselschiefer, Hornfels, und andere Steinarten der Urgebirge und Uebergangsgebirge. Ihre Grösse ist sehr verschieden. Man findet einzelne Granit- und Syenitblöcke von 50 bis 60 Kubikfuss auf dem flachen Lande, mehrere hundert Meilen entfernt von Gebirgen, welche diese Steingattung liefern könnten.

Man unterscheidet bei uns die Feld- oder Lesesteine in grosse und kleine Feldsteine. Die grösseren werden öfters durch eiserne Schlägel und Keile, durch Schiesspulver oder durch Feuersetzen in kleinere Stücke zersprengt, wodurch sie einigermaassen eine regelmässige Gestalt erhalten, und zu Baustücken geschickter werden.

Spalten der Feldsteine durch Keile.

Der Stein wird zuerst von der umliegenden Erde durch Ausgraben befreiet; dann wird auf demselben eine Linie, nach welcher er gespalten werden soll, vorgezeichnet; dies geschieht durch eine mit Reiskohle geschwärzte Schnur. Diese Spaltungslinie kann nur durch eine lange praktische Erfahrung von den Arbeitern bestimmt werden, welche sie die Richtung erkennen lässt, nach welcher der Stein gespalten werden kann. Längs der vorgezeichneten Linie wird dann eine Rinne mit der Keilhaue eingehauen, welche ungefähr zwei Zoll breit und zwei bis drei Zoll tief, und zwar nach unten zu schräg zusammenlaufend ist. Diese Rinne wird, ihrer Breite nach, in Entfernungen von sieben bis acht Zollen, wenn jedoch der Stein sehr gross und hart ist, noch näher an einander, mit eisernen Blechen dergestalt ausgesetzt, dass auf jeder Stelle so viele Bleche so dicht an einander stehen, dass die letzten Bleche schon mit einem Hammer eingetrieben werden müssen. Wenn dies geschehen ist, so setzt der Steinspalter einen von den eisernen Keilen in die Mitte eines solchen Satzes von Blechstücken, und schlägt auf die Keile von einem Ende des Steins bis zum andern. Die ersten Schläge erfolgen schwach und langsam, dann stärker, und zuletzt geschwind und mit verdoppelten Kräften auf einen Keil nach dem andern, vorzüglich aber auf diejenigen, welche leicht eindringen, da dann der Stein bald und fast so eben wie Holz aus einander splittert.

Sprengen der Feldsteine mit Schiesspulver.

Beabsichtigt man, Feldsteine zum Gebrauch als Mauersteine von unregelmässiger Gestalt zu erhalten, so geschieht diese Zerstückelung der grossen Steine durch das Schiessen mit Pulver. Man bohrt in der Richtung, in welcher der Stein gesprengt werden soll, Löcher von $\frac{1}{4}$ bis $\frac{3}{4}$ Zoll im Durchmesser und 5 bis 6 Zoll tief, nachdem der Stein mehr oder weniger leicht zersprengbar ist. Alsdann wird zum Laden selbst geschritten. * Es wird eine Quantität Schiesspulver, welche bei sehr harten Steinen nngefähr $\frac{1}{3}$, und bei weichen Steinen nur $\frac{1}{4}$ der Tiefe des Bohrloches ausfüllet, hinein geschüttet, und eine kupferne Zündnadel, welche, damit von dem Pfropfen nicht das Zündloch verfüllt werde, die auch allenfalls mit einem Rohrhalm überzogen werden kann, wird einige Linien tief in das Pulver gesteckt. Wenn dies geschehen ist,

* Gilly's Handbuch der Landbaukunst. 3. Theil S. 8.

wird vermittelst des Ladestockes und des Hammers, ein aus klein geschlagenen Ziegelsteinstücken, und bröckligem Lehm bestehender Pfropfen fest eingesetzt, wobei die Zündnadel in der im Ladestocke befindlichen Rinne liegt. Dann wird der Ladestock und die Zündnadel herausgezogen, der Rohrhalm aber bleibt stecken und es wird solcher mit dem Steine oben gerade abgeschnitten. Das Rohr wird nun mit Pulver gefüllt, welches alsdann vermittelst eines langsam brennenden Schwefelfadens angebrannt wird. Dieses ist die ältere Verfahrungsart. In neueren Zeiten hat man ein wirksameres Laden und Sprengen dadurch erreicht, dass man, nachdem die Pulverladung in das Bohrloch ganz locker eingeschüttet worden, einen starken Strohhalm ein wenig in das Pulver aufsetzt, das ganze übrige Bohrloch mit feinem und trockenem Sande um den Strohhalm herum anfüllet und dann wie oben erwähnt anzündet. Diese Art zu laden, wobei das Pulver locker bleibt, und kein fester Pfropfen aufgesetzt, sichert die Arbeiter vor aller Gefahr und ist als die wirksamste anerkannt.

Sprengen der Feldsteine durch Feuersetzen.

Auf der Seite des Steines, (der zuvor losgegraben seyn muss) von welcher der Wind herkommt, wird Feuer von hochauflodерndem Holze gemacht, und wenn der Stein dadurch möglichst stark erhitzt ist, wird er in diesem Zustande plötzlich mit kaltem Wasser begossen. Durch dieses Verfahren erhält der Stein Risse, und kann dann mit schweren Hämmern in Stücke geschlagen werden.

Kommt es aber auf die Gewinnung regelmässiger Blöcke an, so wird nach geschehener Erhitzung des Steins, nach der Richtung, in welcher man eine Zertheilung wünscht, eine nassgemachte Schnur gegen den sehr heissen Stein geschnellt; dadurch erhält der Stein an der Stelle, die von der nassen Schnur berührt wurde, augenblicklich einen Riss, der sich gemeiniglich durch das ganze Stück fortpflanzt, wenn man es durch Anschlagen mit einem hölzernen Schlägel heftig erschüttert.

Gebrauch. Die Anwendung, welche im Allgemeinen in unseren Gegenden von diesen Steinen gemacht wird, ist vorzüglich zum Strassenbau als Pflastersteine in Städten, zum Bauen der Wege und Chausseen. Für diesen Zweck müssen die Steine gehörig behauen werden und zwar nicht unten keilförmig, wodurch sie, anstatt das Gewicht zu tragen, sich in den Boden eindrücken, sondern in Gestalt von rechtwinklichen Prismen; alsdann werden sie sortirt, weil, wenn Steine von verschiedener Grösse ohne Unterschied zum Pflastern verwendet werden, die einen früher sich setzen als die andern. Sie werden ganz dicht an einander und in geraden fortlaufenden Reihen gesetzt, und die Fugen gebrochen, dann eingerammt, und die, welche locker scheinen, herausgenommen und durch andere ersetzt und dann werden die Fugen mit Kies gefüllt. Auch benutzt man sie zum Grundbau, zum Bau der Wehre und Dämme, zu Schälungen, Freitreppen, zu Radeabweisern an den Ecken der Thorfahrten, zum Auspflastern der Viehställe und Höfe, zum Aussetzen der Brunnen und anderen Arten von Mauerwerk. In der Landbaukunst benutzt man sie zur Aufführung ganzer Gebäude, und aller Arten von Mauerwerk über und unter der Erde. Dass sie sehr dauerhaft sind, geht daraus hervor, dass sie vielleicht mehrere Tausend Jahre der Luft und Witterung ausgesetzt gewesen sind, und sich dennoch gut erhalten haben.

Die Völker des Alterthums bedienten sich der Feldsteine häufig zu Füll- oder Gussmauern, S. 224, und der grossen Blöcke zu den so genannten Cyklopen-Mauern, (Mauern ohne Mörtel) welche gemeiniglich zu Ringmauern der Städte, zur Stützung der Erdwälle u. dgl. m. dienten. Hirt * sah zu Cora, Palestrina, Albi und Arpens Mauern dieser Art. Auch sollen die Mauern durch Griechenland und Asien, ** auf ähnliche Weise erbaut seyn. Pausanias *** bemerkt, dass die einzelnen Steine der Cyclopen-Mauern von einer solchen Grösse sind, dass sie durch ein Joch Ochsen schwer aus der Stelle zu bewegen wären, die kleineren Steine ausgenommen, welche zur Ausgleichung

* Baukunst nach den Grundsätzen der Alten. S. 150.

** Strabo. 8. p. 372. *** Pausanias, 2. 25.

der Höhlungen zwischen den grösseren eingeklemmt wurden.

Ein Kubikfuss Feldsteine wiegt im Durchschnitt 165 Pfund.

Verfahren, die verhältnissmässige Härte der Bausteine zu bestimmen.

Die Steinmetze, Bildhauer und Steinschleifer beurtheilen die Härte der Steine nach der mehr oder minderen Schwierigkeit, womit sich Steine schleifen, bohren und poliren lassen. Die Reibung kann demnach als Maassstab für die Härte der Steine angenommen werden.

Perronet bestimmt die verhältnissmässige Härte der Bausteine durch die zur Austiefung eines Bohrlochs von einer gegebenen Länge erforderliche Anzahl der Umgänge des Steinbohrers. Er nimmt an, dass die Härte eines Steines in geradem Verhältnisse mit der Anzahl der Bohrumgänge stehe, welche erforderlich sind, um ein Loch von gegebener Länge auszutiefen.

Wir wollen annehmen, dass 120° die Härte des Steins ausdrücke, in welchen man durch 200 Bohrumgänge ein Loch, eine Linie tief, bohren könnte, und dass man durch einen Versuch gefunden hätte, dass 300 Bohrumgänge in dem Steine, dessen Härte man erforschen will, ein Loch 5 Linien tief bewirkt hätten; so bestimmt man erst die Zahl der Bohrumgänge, wodurch eine Vertiefung von einer Linie bewirkt wurde. Dividirt man 300 durch 5, so erhält man 60 zum Quotienten, es sind demnach 60 Bohrumgänge erforderlich, um ein Loch, das eine Linie tief ist, zu bohren. Hier hat man die Proportion: 200 Bohrumgänge verhalten sich zu 60 Bohrumgängen, wie die angenommenen 120°, zu den gesuchten Graden, welche man im gegenwärtigen Falle = 30° findet.

Nähere Bestimmung dieses Gegenstandes in Beziehung auf die Steinarten, welche in der Baukunst gebraucht werden, bei'm Vortrage.

Ausmittelung der Steine, welche durch den Frost leiden.

Dieses Verfahren, welches von Brad * bekannt gemacht ist, bestehet darin, dass man, statt den Stein der ausdehnenden Kraft des gefrierenden Wassers auszusetzen, auf ihn ein leicht krystallisirbares Salz wirken lässt, so dass man dadurch sich in wenigen Tagen überzeugen kann, ob ein Stein durch den Frost leide oder nicht. Das praktische Verfahren ist dieses:

Man wählt im Steinbruch Proben von denjenigen Stellen, wo die Güte des Gesteines zweifelhaft ist, wo sich z. B. die Farbe, das Gefüge, oder die Beschaffenheit des Steins verändert.

Von den gewählten Proben lässt man Würfel von ungefähr zwei Zoll, scharfkantig anfertigen, denn bloss zerschlagene Stücke können durch das Zerschlagen gelitten haben, ohne dass der Stein fehlerhaft wäre.

* Rapport fait à la Société d'Encouragement pour l'industrie nationale. Par H. de Thuery. Paris 1824.

Man bezeichnet jeden Steinwürfel mit Tusch, oder auf eine andere Weise, und bemerkt in einem Verzeichnisse den Ort, wo der Stein, aus welchem der Würfel gehauen ist, im Steinbruche sich befindet.

Man löst, um alle Steinwürfel auf einmal probiren zu können, in einer hinreichenden Menge Wasser so viel schwefelsaures Natrum (Glaubersalz) auf, als das Wasser auflösen kann. Um sicher zu seyn, dass das Wasser vollkommen mit Salz gesättigt sey, muss so viel Salz genommen werden, dass nach zwei bis drei Stunden, nachdem das Salz hinzu gesetzt wurde, etwas von demselben auf dem Boden des Gefässes unaufgelöst liegen bleibe.

In dieser Salzauflösung kocht man die Steinwürfel 30 Minuten lang, und nicht länger, denn die Versuche von Vicat über diesen Gegenstand haben bewiesen: dass man die Steine nicht länger sieden lassen darf, wenn man den Erfolg des Versuches nicht vereiteln will.

Man nimmt einen Würfel nach dem anderen heraus, und hängt ihn an Schnüren so auf,

dass

dass er nirgends wo anstösst und vollkommen isolirt ist.

Unter jeden aufgehängten Probewürfel setzt man ein Gefäss mit der Auflösung, in der er gekocht wurde, die man aber vorher sich setzen liess, indem sich immer einige Steintheilchen von den Probewürfeln durchs Kochen losreissen.

Wenn die Witterung nicht zu feucht und kalt ist, wird man in 24 Stunden nach dem Aufhängen der Würfel die Oberfläche derselben mit kleinen weissen Salzkrystallen beschlagen finden.

Um diesen Salzbeschlag wegzuschaffen, tauchet man die Steine in das untergestellte Gefäss und wiederholt dieses so oft, als sich ein neuer Salzbeschlag zeigt, der vorzüglich während der Nacht sich häufiger einfindet, als während des Tages. Es ist daher rathsam, den Versuch in einem geschlossenen dunkelen Zimmer, oder in einem Keller, anzustellen.

Wenn der Probestein nicht durch den Frost leidet, so findet man auf dem Boden des Gefässes weder Sand noch blättrige Absonderungen, noch andere Bruchstücke desselben.

Wenn der Stein aber durch den Frost leidet, so wird man vom Anfange an, wo sich der Stein mit einem Salzbeschlage bekleidete, kleine Bruchstücke von demselben finden. Der Steinwürfel wird seine scharfen Kanten verlieren, und man wird am Ende der Prüfung, welche fünf Tage lang fortgesetzt wird, alles, was, von dem ersten Salzbeschlage an, sich abgelöset hat, am Boden des darunter gesetzten Gefässes finden.

Man kann das Auswittern des Salzes dadurch befördern, dass man den Stein, sobald die ersten Spuren des Salzbeschlages sich zeigen, in das untergestellte Gefäss eintaucht, und dieses Verfahren fünf bis sechs Mal des Tages wiederholt.

Bestätigung durch experimentelle Versuche im Vortrag.

Würde man das Wasser warm mit dem Salze sättigen, und die Probe länger als fünf Tage dauern lassen, so würde auch der beste Stein sich unbrauchbar zeigen.

Um zwei Steinarten, welche durch den Frost leiden, in Hinsicht ihrer Untauglichkeit zu vergleichen, darf man nur alle Theile, welche sich von den sechs Seiten des Würfels ablösen, sammeln, wiegen, und die Gewichte vergleichen.

Die allgemeine Meinung: dass Steine, welche nicht porös sind, und kein Wasser einsaugen, stets der Einwirkung des Frostes den besten Widerstand leisten, ist nach Vicat * unrichtig; die täglichen Beobachtungen zeigen das Gegentheil. Denn eine Menge Sand- und Kalksteine, welche das Wasser nicht bloss einsaugen, sondern durchlassen, widerstehen der grössten Kälte, während andere dichte Steine dadurch zersplittern.

Man kann sich, sagt Vicat, diese Erscheinung am besten dadurch erklären, dass der Frost nur dann nachtheilig wirkt, wenn das Wasser röhrenförmige oder spaltenartige Zwischenräume findet. Sind die leeren Zwischenräume des Steins aber gleichförmig durch die Masse vertheilt, so hebt der Druck des Eises, in welches das Wasser durch die Einwirkung des Frostes verwandelt wird, sich in allen kleinen Oeffnungen wechselseitig auf, und äussert sich bloss an

* Vicat Versuche über den Kalk und Mörtel. S. 37.

der Oberfläche, wenn dort das Eis Widerstand findet. In diesem Falle blättert sich der Stein an der Oberfläche nach und nach immer mehr ab. Indess hängt dieser Einfluss des Frostes auf die Oberfläche auch sehr von der Festigkeit oder Zähigkeit der Steinmasse ab.

Festigkeit einiger Steinarten, welche zum Bauen gebraucht werden.

Der Widerstand der Steine hat nothwendig die Aufmerksamkeit der Baumeister in den frühesten Zeiten auf sich gezogen. Militzia glaubt, dass aus dem Nachdenken darüber vermuthlich die Verhältnisse der Säulen ihren Ursprung genommen hätten. Die ersten Baumeister waren aus Mangel an Erfahrung furchtsam und machten die Säulen entsetzlich plump, und nur drei bis vier Durchmesser hoch. Wie ihre Kenntnisse zunahmen, dehnten sie die Höhe derselben bis auf fünf und sechs und endlich auf zehn Durchmesser aus. Dies war die grösste Höhe, welche sie der Zierlichkeit gemäss hielten. Die Gothen verdoppelten in der Folge diese Höhe. Wir haben lange ihre kühne Bauart mit Erstaunen bewundert, weil wir noch nichts von dem Widerstande der Materialien wussten.

Mehrere Physiker haben mühsame Versuche angestellt über den Widerstand verschiedener

Steinarten; und obgleich die erhaltenen Resultate nicht für jeden Fall immer als absolut richtig angesehen werden können, weil die Beschaffenheit der anorganischen Körper, und vorzüglich die der Steinarten, sehr verschieden ist, so lassen sich doch viele nützliche Folgerungen daraus herleiten.

Die Festigkeit der Steine hängt theils von dem dichteren Zusammenhange und von der Härte ihrer Massentheile, theils auch von ihrer chemischen Beschaffenheit ab.

Je gleichförmiger die Gemengtheile der gemischten Steinarten unter sich sind, je näher sie zusammen liegen, von je härterer Beschaffenheit sie sind, und je unveränderlicher und bindender der Kitt ist, (wenn nämlich der Stein aus ungleichartigen Bestandtheilen besteht,) desto grösser wird auch im Allgemeinen die Festigkeit des Steines seyn.

Versuche haben gelehrt, dass die respective Festigkeit der Steine sich unter übrigens gleichen Umständen ziemlich genau verhalte, wie der Flächeninhalt der Querschnitte, und man kann daher in dieser Hinsicht so verfahren, wie bei Ausmittelung der **absoluten Festigkeit** der Körper im Allgemeinen. Steine bekommen aber Risse, und zwar öfter schon bei der Hälfte der Belastung, durch welche man sie ganz zu zerdrücken im Stande ist, und in dieser Hinsicht verhalten sie sich anders wie Holz oder Metalle; diese krümmen sich, ehe sie brechen. Je fester der Stein ist, desto kühner darf man bauen.

Angestellte Versuche über den Widerstand, welchen Steine bei'm Zerdrücken äussern, und Resultate derselben.

In Hinsicht des Widerstandes, welchen Steine bei'm Zerdrücken äussern, sind die Versuche von **Quantin**, **Gauthey**, **Rondelet**, **Muschenbrök**, **Perronet**, **Treadgold**, und **Smirke** dem Jüngern, vorzüglich belehrend.

Quantin fand, dass ein Quadratzoll Sandstein, wenn er mit seiner Basis auf einer festen Unterlage, die nicht weichen konnte, auflag, zum Zerdrücken 2631 Pfund Belastung erfordert.

Ein Quadratzoll Ziegelstein, auf dieselbe Weise belastet, erforderte 1124 Pfund.

Ein Quadratfuss Sandstein, der zur Brücke bei Neuville gebraucht wurde, und wovon der Kubikfuss 152 Pfund wog, erforderte, nach Perronet's * Versuchen, 240,000 Pfund.

Man könnte also eine Säule von gleicher Grundfläche, aus demselben Steine bestehend, von 1580 Fuss Höhe aufführen.

Derselbe Baumeister fand, dass eine andere Art Sandstein, welche einen Quadratzoll Grundfläche und 12 Zoll Höhe hatte, unmittelbar vor dem Zerbrechen eine Last von 7350 Pfund trug, demnach würde bei einer Grundfläche von einem Quadratfuss ein Stein von derselben Stärke, wie die Probe, einem Drucke von 1,058,400 Pfund widerstehen.

Perronet fand ferner durch vielfache Versuche mit Steinblöcken von verschiedenen Bänken Sandstein von Saillencourt, welche dieselbe Grundfläche und Höhe wie der vorher erwähnte Stein hatten, dass derselbe einem mittleren Drucke von 1825 Pfund widerstehen kön-

* Perronet über Brückenbau. S. 161.

nen, ohne zu zerbrechen, und dass also ein Quadratfuss von gleicher Höhe eine Belastung von 262,800 Pfunden verträgt.

Muschenbrök * fand, dass ein Pfeiler von Ziegelstein, $11\frac{1}{2}$ Zoll hoch und auf jeder Seite $\frac{5}{12}$ Zoll breit, unter einer Belastung von 195 Pfund brach.

Ein Pfeiler von Bremer Sandstein, der $12\frac{10}{12}$ Zoll hoch und auf jeder Seite $\frac{5}{12}$ Zoll breit war, brach von einer Belastung von 150 Pfund.

Ein Pfeiler von weissem mit blauen Adern durchzogenen Marmor, $13\frac{1}{4}$ Zoll hoch, auf einer Seite $\frac{4}{12}$ und auf der andern $\frac{5}{12}$ Zoll breit, wurde durch eine Last von 250 Pfund zerbrochen.

Aus diesen Versuchen könnte man also folgern, sagt Muschenbrök, dass ein Pilaster von Ziegelsteinen, der eine Höhe von 10 Fuss und auf der einen Seite 3 und auf der andern 7 Zoll Breite hat (in ganzen Zahlen gerechnet), eine Belastung von 1835 Pfund tragen kann, ohne dass die untersten Steine zerdrückt wür-

* *Dissert. de cohaerentia corporum firmorum* — und auch in seiner *Introd. ad Phil. nat. de cohaer.*

den, und dass eine Säule, vom oben beschriebenen Marmor, 40 Fuss hoch und 4 Fuss im Durchschnitt, ein Gewicht von ungefähr 105,011,285 Pfund tragen könne. Hieraus lässt sich die Last berechnen, welche die 127 Marmorsäulen im Tempel der Diana zu Ephesus, welche 60 Fuss hoch und 9¾ Fuss dick waren, hätten tragen können.

Folgende interessante Versuche sind von Gauthey angestellt worden.

Ein Kubikfuss harter Sandstein, der mit seiner ganzen Basis auf einer festen Unterlage ruhete, erforderte 663,552 Pfund, um ihn zu zerdrücken.

Ein Kubikfuss einer weicheren Gattung Sandstein zerbrach durch eine Belastung von 248,832 Pfund, folglich verhält sich die sogenannte respective Festigkeit jener Sandsteinart zu diesem, wie 2½ zu 1. Man kann, sagt Gauthey, also eine Mauer oder einen Thurm 40220 Fuss hoch aufführen, ohne dass man Ursache habe, zu befürchten, dass die untersten Steine von der auf ihnen ruhenden Belastung zerdrückt werden.

Ein Kubikfuss harter Sandstein, der nur an einem Ende unterstützt war, widerstand einer Belastung, am andern Ende, von 55728 Pfund; ein weicherer Sandstein von derselben Abmessung, hingegen nur 10080 Pfund; folglich verhalten sich die beiden Steine in dieser Lage wie $5\frac{1}{2}$ zu 1.

Ein Kubikfuss harter feinkörniger Sandstein, der auf beiden Seiten auf einer Unterlage ruhte, trug in der Mitte eine Belastung von 205632 Pfund. Ein weicherer Sandstein von derselben Abmessung trug nur 173859 Pfund. Das Verhältniss ihrer relativen Festigkeit ist also in diesem Falle wie $5\frac{1}{4}$ zu 1.

Ein Kubikfuss desgleichen harten Sandsteins, der auf beiden Seiten gehalten wurde, aber wie der Schlussstein eines Gewölbes hing, trug eine Last von 45561 Pfunden. Ein weicherer Sandstein von derselben Grösse und Form trug nur 15850. Folglich verhalten diese Steine sich in Hinsicht ihrer Festigkeit wie $2\frac{3}{4}$ zu 1.

Ein Würfel schwarzer Marmor, der 9 französische Zolle 7 Linien stark war, wurde von

Gauthey * und Rondelet durch 28438 Pfund zerdrückt.

Ein Würfel von Basalt von derselben Grösse zerbrach mit einer Belastung von 103990 Pfund.

Ein ähnlicher Würfel von Porphyr erforderte zum Zerdrücken 100042 Pfund.

Ein Würfel von Granit von derselben Grösse wurde zerdrückt von 100042 Pfund.

Smirke der Jüngere, in Gemeinschaft mit Brahmah, hat folgende Versuche über mehrere in England vorkommende Bausteine angestellt. Ein Quadratzoll Urkalkstein brach unter dem Drucke der hydraulischen Presse mit einer Belastung von 2989 Pfund.

Ein Quadratzoll Versteinerungen enthaltender Kalkstein von Mattlock in der Grafschaft Derby brach durch 2764 Pfund.

Ein Quadratzoll blauer Marmor von Castleton in der Grafschaft Derby brach mit einer Belastung von 3124 Pfund.

* Brad's Mineralogie, und in Gauthey Traité de la Construct. des Ponts, Tom. I. p. 278.

Ein Quadratzoll Alabaster (von Nottingham) brach von einer Belastung von 1489 Pfund.

Ein Quadratzoll gemeiner kompacter Gypsstein (von Nottingham) brach unter einer Belastung von 1479 Pfund.

Ein Quadratzoll sehr feinkörniger kalkartiger Kieselsandstein (Bathstein) zerbrach von 1287 Pfund.

Ein Quadratzoll grüner Serpentin (von Cornwallis) zerbrach mit einer Last von 1121 Pfund.

Ein Quadratzoll Carara-Marmor zerbrach mit 3787 Pfund.

Ein Quadratzoll (Purbeckstein) Kieselsandstein zerbrach mit 3452 Pfund.

Ein Quadratzoll feinkörniger Granit (von Cornwallis) zerbrach mit einer Belastung von 2967 Pfund.

Ein Quadratzoll schwarzer Basalt (von Staffa) zerbrach mit 4989 Pfund.

Ein Quadratzoll grüner Basalt (vom Riesendamm in Irland) zerbrach mit 4427 Pfund.

Ein Quadratzoll talkerdehaltiger Kalkerdestein (von Ferri Bridge in der Grafschaft York!) zerbrach mit 1149 Pfund.

Ein Quadratzoll (Portlandstein) feinkörniger Kieselsandstein zerbrach mit 1121 Pfund.

Ein Quadratzoll (Kettonstein) kalkartiger Sandstein zerbrach mit 1272 Pfund.

Ein Quadratzoll (Parkers, oder römischer Cement) hydraulischer Mörtel (der Cementklumpen, woraus der Würfel gesäget wurde, war ungefähr 3 Jahr alt) zerbrach mit 1237 Pfund.

Ein desgleichen Würfel, von derselben Cementmasse, zerbrach mit 1242 Pfund.

Ein anderer Würfel von derselben Grösse und derselben Masse zerbrach mit 1251 Pfund.

Angestellte Versuche über die Biegsamkeit einiger Arten Bausteine.

Bei diesen von Treadgold angestellten Versuchen* wurde der zu prüfende Stein an seinen beiden Enden von eisernen Stützen getragen; die Schale zur Aufnahme des Gewichtes hing in der Mitte zwischen diesen beiden Stützen, und eine in der Mitte befestigte seidene Schnur bewegte einen Zeiger, der die Niederdrückung so sehr multiplicirte, dass auch ein sehr kleiner Grad derselben dadurch sichtbar wurde.

Die Wagschale und der ganze dazu gehörige Apparat wog zehn Pfund; die Gewichte, deren sich Treadgold bediente, waren kubische Stücke Eisens, die eigens dazu gegossen wurden, und deren jedes 10 Pfund wog. Solche Gewichte passen sehr gut auf einander in der Wagschale, und bei dem Zählen derselben ist

* Dingler's polytechn. Journal. Bd. 4. H. I.

man weniger der Gefahr einer Irrung ausgesetzt, als bei den gewöhnlichen Gewichten.

Das Gewicht in der Wagschale wurde jedesmal um 10 Pfund auf einmal vermehrt, so sacht als möglich aufgelegt, und dem Zeiger wurde immer Zeit gelassen, in vollkommene Ruhe zu kommen, ehe ein neues Gewicht aufgelegt wurde. Die Zeit, welche verfloss, ehe der Zeiger in Ruhe kam, wurde nicht beobachtet; sie nahm indessen gegen das Ende des Versuches immer merklich zu.

Ein Stück weissen Bildhauer-Marmors von sehr regelmässigem Gefüge, frei von Adern und anderen auffallenden Fehlern, wurde in drei verschiedenen Längen versucht; die kürzeren Stücke waren Bruchstücke des längeren. Das Stück war nicht ganz vollkommen gleich breit und dick; die Abmessungen an den Stellen des Bruches sind jedoch angegeben.

Bildhauer-Marmor.

Entfernung zwischen den Stützen. Zoll. 30		Entfernung zwischen den Stützen. Zoll. 15		Entfernung zwischen den Stützen. Zoll. 14	
Dicke 1,075		Dicke 1,08		Dicke 1,075	
Breite 1,075		Breite 1,05		Breite 1,075	
Gewicht.	Niederdr.	Gewicht.	Niederdr.	Gewicht.	Niederdr.
10 Pfd.	,02 Zoll.	10 Pfd.	,005 Zoll.	10 Pfd.	unmerkl.
20 —	,045 —	20 —	,01 —	20 —	,005 Zoll.
30 —	,06 —	30 —	,012 —	30 —	,01 —
40 —	,08 —	40 —	,015 —	40 —	,012 —
50 —	gebrochen.	50 —	,017 —	60 —	,015 —
		60 —	,02 —	70 —	,02 —
		70 —	,021 —	90 —	,025 —
		80 —	,025 —	100 —	,027 —
		90 —	,03 —	110 —	,03 —
		100 —	,035 —	120 —	,034 —
		110 —	gebrochen.	130 —	,037 und gebrochen.

Der erste Versuch mit 30 Zoll Entfernung gibt das genaueste Maass der elastischen Kraft; allein er misst nicht eben so genau die Cohäsionskraft, weil der Stein offenbar durch das Moment, welches das Gewicht durch die letzten 10 Pfund erhielt, gebrochen wurde. Die Entfernung von 14 Zoll Länge trug das Gewicht einige Zeit, ehe der Stein brach.

Das specifische Gewicht war 2,706, und der Stein verschlang $\frac{1}{1300}$ seines Gewichtes an Wasser.

Tredgold bemerkte, dass die Brüche alle einander genau ähnlich waren, und fand, dass die Fläche des Bruches immer beinahe denselben Winkel mit der Achse des Stückes bildete. Dieser Winkel ist ungefähr 83°.

An keinem anderen Steine fand er eine ähnliche Regelmässigkeit, und dies ist entweder ein merkwürdiges Zusammentreffen, oder die Wirkung der Struktur dieser Steinart.

An dem Portlandsteine,* den man zu London braucht, zeigt sich einiger Unterschied; der beste und stärkste dieser Art ist von einer mehr braunen Farbe. Das Stück, mit welchem der Versuch angestellt wurde, war von der braunen Abart, und von regelmässigem Gefüge ohne scheinbaren Fehler. Die Länge zwischen den Stützen war 24 Zoll, die Breite 2 Zoll, und die Dicke 1,45 Zoll.

* Kieselsandstein von der Insel Portland. S. *Ure Diction. of Chemistry.*

Brauner Kieselsandstein.

Gewicht.	Niederdrückung.
10 Pfund.	,01 Zoll.
20 —	,015 —
30 —	,02 —
40 —	,022 —
50 —	,025 —
60 —	,0275 —
70 —	,03 —
80 —	,032 —
90 —	,035 —
100 —	,037 — und gebrochen.

Dieser Versuch war sehr gut, da man schon durch mehrere vorausgegangene Prüfungen das Gewicht beinahe wusste, welche er zu tragen vermag, und daher gegen das Ende die Gewichte mit mehr Vorsicht auflegte.

Das specifische Gewicht des Steines war 2,113, und er verschlingt $\frac{1}{16}$ seines Gewichtes an Wasser.

Der nächste Versuch war mit einem Stücke weissen kieselartigen Sandstein. Das specifische Gewicht dieses Steines war 2,212, und er verschlingt $\frac{1}{207}$ seines Gewichtes Wasser. Das Gefüge war regelmässig, mit kleinen eingesprengten Glimmerblättchen. Die Entfernung war 18 Zoll, die Breite 1,45, die Dicke 1,525 Zoll.

Weisser Kieselsandstein.

Gewicht.	Niederdrückung.
20 Pfund.	,015 Zoll.
30 —	,02 —
40 —	,022 —
50 —	,025 —
60 —	,03 —
70 —	,038 —
80 —	,045 —
90 —	,05 —
92 —	gebrochen.

Dieser Stein ist mehr biegsam, als irgend ein anderer vorhergehender, obschon man seinem Ansehen nach ein verschiedenes Resultat erwartete.

Folgende Tabelle enthält die Resultate einiger Experimente, bei welchen die Biegung nicht bestimmt wurde; sie wurden unternommen, um Data zu erhalten, nach welchen man die Seitenstärke der Steine berechnen könnte.

Diese Stücke, mit Ausnahme einer Steinart, wurden mit ihrem natürlichen Lager horizontal gelegt.

TABELLE.

Arten der Sandsteine.	Entfernung zwischen den Stützen.	Breite	Dicke	Gewicht welches den Stein brach.	Gewicht eines Kubikfusses.
		in Zollen.			
1.	14 Zoll.	1,45	1,5	414 Pfd.	163,8 Pfd.
2.	14 —	1,55	1,55	137 —	147,6 —
3.	14 —	1,55	1,5	123 —	134,8 —
4.	9 —	1,525	1,45	160 —	138,25 —
5.	7 —	1,55	1,55	233 —	
6.	12 —	2,07	1,55	270 —	132 —
7.	5 5 —	1,0	1,0	68 —	123,4 —

Der Sandstein No. 1. Das untersuchte Stück war von höherer Güte, als die gewöhnlichen Steine aus dem Steinbruche, sowohl in Hinsicht der Feinheit der Textur, als der Dichtigkeit. Sein specifisches Gewicht war 2,621, und er verdichtete nur $\frac{1}{111}$ seines Gewichtes Wasser.

Der Sandstein No. 2. Das specifische Gewicht desselben war 2,362, er sog $\frac{1}{63}$ seines Gewichts Wasser an.

Der Sandstein No. 3. mar mehr blätterig.

Der Sandstein No. 4. hatte ein gröberes Gefüge; das Stück war 7 Zoll lang.

Ein anderes Stück No. 5.

Die Stücke Portlandsandstein No. 6. und der Bathstein No. 7. (kalkartiger Kieselsandstein) waren in ihrer Art gut, und so wie man sie gewöhnlich zu London gebraucht.

Um die Resultate dieser Versuche zu vergleichen, bediente sich Tredgold folgender Formel, in welchen w das Gewicht ist, welches eine Biegung δ hervorbringt, und W das Gewicht, welches das Stück brach; $\triangle$ die Niederdrückung zur Zeit des Bruches; l die halbe Länge; b die Breite; d die Dicke.

$$\frac{2l^3 w}{bd^3 \delta} =$$

dem Gewichte des Modulus der Elasticität, oder das Maass der elastischen Kraft.

$$\frac{3d\triangle}{2l^2} =$$

der Ausdehnung zur Zeit des Bruches.

$$\frac{lW}{bd^2} =$$

der Cohäsionskraft des Materiales unter der Voraussetzung, dass der Widerstand gegen die Spannung gleich ist dem Widerstande gegen den Druck.

Da die elastische Kraft einer Substanz abzunehmen scheint, wenn die Spannung ungefähr die Hälfte der Cohäsionskraft viel übersteigt, muss in der Berechnung der elastischen Kraft jenes Gewichts *w* genommen werden, welches der Hälfte des Gewichtes, wodurch das Gewicht gebrochen wurde, am nächsten ist.

Die Härte wurde durch das Ritzen eines Stückes jeder Steinart mit demselben Stücke Stahls, auf dieselbe Art, und, soviel man beurtheilen kann, mit derselben Stärke unternommen, bestimmt und verglichen. Wenn man die zu dieser Bestimmung nöthigen Apparate gehabt hätte, würde man sich jenes des Perronet bedient haben, (S. 153). Die letzte Spalte der folgenden Tabelle zeigt die Ordnung der Härte der Steine, der weichsten gleich *I* gesetzt.

Ordnung der Härte verschiedener Arten Sandsteine.

Steinarten.	Cohäsionskraft eines □ Zolles.	Gewicht des Modulus der Elasticität eines □ Zolles.	Höhe des Modulus der Elasticität in Fuss.	Ausdehnbarkeit.	Specifisches Gewicht.	Gewicht des eingesognen Wassers, Stein als Einh.	Ordnung nach der Härte.
	Pfund.	Pfund.					
1.	1,811	2,513,000	2,109,000	$\frac{1}{1304}$			
	2,020	1,910,000	1,591,000	$\frac{1}{869}$	2,706	$\frac{1}{1300}$	3
	2,197	1,800,000	1.500,000	$\frac{1}{128}$			
2.	857	1,152,000	1,256,000	$\frac{1}{1789}$	2,113	$\frac{1}{10}$	2
	976	....	....	..	..		
3.	734	569,000	593,000	$\frac{1}{709}$	2.212	$\frac{1}{267}$	5
	675	....	....	..			
	656	....	....	..			
4.	2,661	....	....	..	2,621	$\frac{1}{121}$	4
5.	772	....	....	..	2,362	$\frac{1}{63}$	5
6.	740	....	....	..	2,155	..	5
7.	478	....	....	..	1,975	$\frac{1}{13}$	1

In der Theorie nimmt man an, dass die Körper vollkommen homogen sind; in den Versuchen fand man aber, dass die Grösse einer

Krystallfläche oder die Lage eines Glimmerblättchens eine merkliche Wirkung auf das Resultat an einem kleinen Stücke äussert; um also die Stärke zu bestimmen, sollte das Stück die Länge von ungefähr 18 Zoll bei einem Durchschnitte von $1\frac{1}{2}$ □Zoll nicht übersteigen. Wenn ein Stück lang ist, so ist es schwer, neues Gewicht aufzulegen, ohne demselben einen bedeutenden Grad von Moment zu geben. Um die Elasticität zu bestimmen, sollte das Stück in Verhältniss zu seiner Dicke lang seyn, und es ist besser, wenn die Breite nicht kleiner ist als die doppelte Dicke; denn da dadurch sowohl die Biegung als das Gewicht, welches dasselbe hervorbringt, grösser wird, kann man die Elasticität auf diese Weise genauer bestimmen. Bei kurzen Stücken hat ein bedeutender Grad von Eingreifung an den gestützten Enden statt.

Tredgold bemerkte, dass man in neueren Zeiten steinerne Stiegen, Balcons, Gänge u. dgl. mit immer weniger und weniger Materiale erbaut, und dass noch keine Aussicht vorhanden ist, dass dieser übelverstandenen Oekonomie ein Ziel gesetzt werden wird, bis irgend ein trauriger Zufall sich ereignet. Was für ein gräuliches Schauspiel würde nicht ein Balcon geben, der, mit einer Menge Menschen auf demselben, bräche und einstürzte! Und wer kann sagen, welcher Balcon, wenn er mit so vielen Leuten überladen ist, als darauf Platz haben, nicht brechen muss? Diese Balcons sollten so gebaut und berechnet werden, dass sie auch das möglich grösste Gewicht mit Sicherheit tragen könnten. Tredgold's Versuche liefern die nöthigen Daten, in so fern es die Stärke des Steines betrifft.

Steine, welche zum Dachdecken gebraucht werden.

Thonschiefer.

Dachschiefer.

Schieferstein. Der gemeine Thon- oder Dachschiefer bildet zuweilen mächtige Gebirgsmassen, oder Lager, von beträchtlicher Ausdehnung. Die Ablagerung desselben ist deutlich geschichtet und zwar so, dass die Absonderungsflächen der Steinschichten die Richtung der Schieferblätter fast senkrecht durchschneiden. Er kommt in Uebergangs- und Flötzgebirgen vor. Seine Farbe ist gewöhnlich blaugrau, oder grünlich schwarz, zuweilen ist er auch purpurfarbig gefleckt, oder gestreift. Die Farbe der Flecken ist dunkeler als der Grund. Er hat einen schimmernden, etwas seidenartigen Glanz; er erweicht sich nicht im Wasser. Er gibt, wenn er schwebend gehalten und dann angeschlagen wird, einen Klang, und spaltet gemeiniglich in geraden, scheibenförmigen Blättern.

Einige Schiefer-Gattungen lassen sich jedoch in krumme und wellenförmige Platten spalten. Die Dicke der Blätter ist sehr verschieden.

Der Schiefer kommt fast in allen Ländern vor. Die berühmtesten Schieferbrüche sind: zu Lehsten, im Baireuthischen, im Würzburgischen, zu Probstzelle und Reichenbach im Saalfeldschen, in Sachsen bei Lösnitz und Gerpnerndorf und an vielen andern Orten, überhaupt gehört er zu den ziemlich allgemein verbreiteten Gebirgsarten.

Die Gewinnung des Dachschiefers geschieht gewöhnlich in offenen Steinbrüchen, wo er meistens terrassenförmig abgebaut wird.

Der Bergmann treibt nach und nach Keile zwischen die Ablösungen der Schichten ein, und sprengt auf diese Art mehr oder weniger dicke Blöcke los, die dann, nach Verschiedenheit des von ihnen zu machenden Gebrauches, weiter gespalten und bearbeitet werden.

Gebrauch. Der ausgedehnteste Gebrauch des Thonschiefers in der Baukunst ist zum Eindecken der Gebäude; er giebt ein vortreffliches Bedachungsmaterial, weil er eine beträchtliche Festigkeit besitzt, und sich in dünne glatte plattenförmige Tafeln spalten lässt, und nicht sehr schwer ist.

Ein sorgfältig gedecktes Schieferdach ist sehr dauerhaft und lässt weder Schneegestöber noch Wasser ein. Die Einwendung, dass ein Schieferdach eine starke Dachverbindung erfordere, ist ungegründet. Triest * sagt, dass man mit 16 Centner Dachschiefer eine Quadratruthe Fläche sehr gut bedecken könne, und dass zu einer Quadratruthe Deckarbeit bei Thürmen und steilen Dächern nur 14 Centner Schiefer erforderlich seyn, weil bei solchen Bedachungen die Tafeln weniger über einander gedeckt werden dürfen, und dass man bei runden Deckarbeiten auf die Quadratruthe 16 Centner im Durchschnitt rechnen könne. Nach dieses Baumeisters Angabe ist zur Einkränzung eines Ziegeldaches mit Schiefer, welche gemeiniglich 15 bis 16 Zoll breit gemacht wird, zu 16 laufenden Fuss 1 Centner Schiefer erforderlich.

* Grundsätze zur Anfertigung richtiger Bau-Anschläge. 1. Bd. S. 32.

In den nördlichen Gegenden werden, wegen der besseren Dauer, die Dachsparren mit Brettern verschalet, welches die Schiefer-Bedachung allerdings kostspieliger macht. Die Schieferdächer empfehlen sich aber dagegen durch ihre Dauer.

Man hat Beispiele genug, dass sich solche hundert und mehrere Jahre gut, und ohne merklicher Nachbesserung zu bedürfen, erhalten haben, da ein Ziegeldach, selbst von den besten Ziegeln, selten kaum halb so lange, und wenn die Ziegeln, wie es häufig der Fall ist, schlecht gebrannt sind, nicht viel länger als 20 bis 25 Jahre dauert. Weniger tauglicher Dachschiefer hält freilich keine hundert Jahre in der Witterung aus.

In Gegenden, wo der Dachschiefer häufig vorkommt, bedient man sich auch desselben zur äussern Bekleidung hölzerner Fachwerk-Gebäude, vorzüglich bekleidet man die Wände an der Wetterseite mit Schiefer. Für diesen Zweck gibt man den Schiefersteinen die Form der sogenannten Bieberschwanz-Dachziegel.

In denen Gegenden, wo die Dächer mit Hohlziegeln gedeckt werden, belegt man auch wohl die Dächer von dem Hauptgesimse an auf einige Fuss Höhe mit Schiefer, um zu verhindern, dass der Wind die gleichsam in eine Masse zusammengsbrachten Hohlziegel nicht herunter werfe.

In Frankreich ist man gewohnt, die Schiefer nach Art der Ziegelsteine in gleichlaufend über einander liegenden Reihen einzudecken und man gibt ihnen daher auch meistens eine viereckige Gestalt.

In Deutschland pflegt man die Reihen bei'm Decken der Dächer nach einer mehr diagonalen Linie über einander zu legen, und die gewöhnlichen Dachsteine werden daher schuppenförmig auf einer Seite zugerundet. Bei Befolgung dieses Verfahrens, sind dann an verschiedenen Stellen des Daches ausserdem noch Steine von anderer und sehr verschiedener Form nöthig.

Aus Schiefer mit einem regelmässig gewölbt-krummblättrigen Gefüge verfertigt man zuweilen durch kunstmässiges Spalten gewölbte Dachsteine, die den Hohlziegeln ähnlich sind.

Man bedient sich derselben unter andern, um damit den Forst der Dächer zu bedecken, indem man sie über die äussersten Enden der obersten Dachschieferreihe legt.

Ausser der Anwendung zum Dachdecken benutzt man die dickspaltigen Schieferblöcke als Mauerstein, für die Construction der Gewölbe, weil sie sich leicht keilförmig zurichten lassen. Auch wendet man sie zum Belegen der Hausfluren, zu Leichensteinen, als Deckplatten, zur Bekleidung der Mauerplinte und Bedeckung der Wasserkanäle und zu Treppenstufen an; zum Wasserbau taugen die Dachschieferblöcke nicht, weil der Stein unter solchen Umständen durch den Frost leidet.

Für Heerd- und Feuerungs-Anlagen ist er ebenfalls unbrauchbar. Auch passt er nicht zum Strassen- und Chausseebau. In Lucca * benutzt man ihn bei Anlegung der Cisternen zum Aufbewahren des Olivenöls, indem man die Steinmetzmässig zugerichteten Platten mit Mörtel verbindet. Der reinste und dichteste schwarze Schiefer, wenn in dünnen Tafeln gespalten und geschlif-

* Ferber's Briefe aus Wälschland. S. 361.

schliffen, dient zu Schiefer- oder Rechentafeln, auch verfertigt man daraus Griffel oder Rechenstifte. Auch wird er als Wetzstein benutzt.

Beurtheilung der Güte des Dachschiefers.

Ein guter Schiefer muss sich leicht und regelmässig in dünne, gerade Platten von der erforderlichen Grösse spalten lassen. Er muss daher gerad- und nicht sehr dickschieferig seyn, und keine anderen Fossilien eingemengt enthalten.

Je feinschieferiger, reiner und unzerklüftet er ist, in desto dünnere und grössere Platten lässt er sich spalten, die gewöhnliche Grösse der Schieferplatten ist $\frac{1}{3}$ bis $\frac{3}{4}$ Quadratfuss, dabei sind sie gemeiniglich mehrere Zoll länger als breit. Die Dicke pflegt eine bis drei Linien zu betragen. Sie muss im richtigen Verhältnisse mit der Grösse des Steines stehen.

Der Dachschiefer muss dicht und nicht porös seyn, damit er das Wasser nicht stark einsauge, weil ein solcher Dachschiefer gemeiniglich Feuchtigkeit durchlässt und das Verfaulen des darunter liegenden Holzwerkes veranlasst.

Er muss hinlängliche Festigkeit haben, und nicht spröde seyn. Denn der mürbe, lockere Schiefer wird durch jeden Stoss leicht zertrümmert und gibt kein festes Dach.

Ein zu spröder Schiefer lässt sich nicht gut behauen und zerspringt bei'm Einschlagen der Löcher, vermittelst welcher er auf die Dachlatten oder wie bei uns auf Bohlen angenagelt wird. In hiesiger Gegend werden nehmlich die Dachsparren mit Brettern verschalt, und man nagelt die Schiefertafeln auf die Verschalungsbretter auf.

Schieferdecker beurtheilen die Festigkeit des Schiefers aus dem Klange des Steins, je heller eine Schieferplatte bei'm Anschlagen mit einem eisernen Instrumente klingt, um so fester und härter ist dieselbe. Einige Arten Schiefer sind mehr oder weniger der Einwirkung der Witterung unterworfen. Solche Schiefer dürfen nicht zum Dachdecken angewandt werden. Die Verwitterung geschieht entweder durch die mechanische Einwirkung des Wassers, welche die Blätter von einander trennt, mithin ein Abblättern des Steines veranlasst; oder durch die Ausdehnung des Wassers, durch den Frost. Dieser Uebelstand findet nur bei lockeren und porösen Schiefern Statt.

Oder die Verwitterung erfolgt vermöge der Einwirkung des Schwefelkieses und Eisenoxydes. Ersterer ist oft so ausserordentlich fein im Schiefer eingesprengt, dass das unbewaffnete Auge die Einmengung nicht entdeckt. Durch die Einwirkung der Luft und des Wassers zerlegt der Schwefelkies das Wasser, er zieht Sauerstoff an und der Schwefel wird in Schwefelsäure verwandelt, und diese geht an das Eisenoxyd. Diese Zersetzung offenbaret sich durch Aufblähung. Es entstehet schwefelsaures Eisen, das als ein Salzbeschlag die Oberfläche des Steines bei trockner Witterung überzieht. Allmählich verbindet sich das schwefelsaure Eisen mit noch mehr Sauerstoff, das Eisenoxyd scheidet sich grössten Theils im Maximum oxydirt als unauflöslich aus, und die frei gewordene Schwefelsäure tritt mit der Thon-, Kalk-, und Talkerde des Schiefers in Verbindung. Während dieses vor sich geht, zerbröckelt der Stein. Die entstandenen verschiedenartigen Salze werden durch das herbeigeführte Wasser aufgelöst und fortgeschafft, es entstehen Vertiefungen oder poröse Zwischenräume, die Stellen werden schwammig, der Stein saugt immer mehr Wasser ein, der Frost erhält Gewalt über denselben, und vollendet endlich die Zerstörung des ganzen Gefüges desselben.

Ob ein Dachschiefer schwefelkieshaltig sey, lässt sich leicht prüfen, wenn man ihn zwischen Holzkohlen glüht. Ein schwefelkieshaltiger Schiefer entwickelt dabei einen Schwefelgeruch, und bläht sich auf — ist er frei von Schwefelkies, so findet kein Schwefelgeruch Statt — auch selbst dann nicht, wenn der geglühte und wieder kalt gewordene Stein mit verdünnter Salzsäure benetzt wird.

Erläuterung durch Versuche im Vortrage.

Schiefer, welcher Eisenoxyd auf der niedrigsten Stufe der Oxydation eingesprengt enthält, ist ebenfalls der Verwitterung unterworfen, indem dieses, durch Einwirkung der Luft und des Wassers, auf eine höhere Oxydationsstufe erhoben, und dabei zugleich sein Volumen vermehrt wird. Dadurch verliert der Schiefer seinen Zusammenhang, wird porös, und nachmals durch das Einsaugen des Wassers und den Frost zerstört.

Enthält der Dachschiefer viel Kalkerde, so ist er, zumal an feuchten Orten, zur Salpetererzeugung geneigt. Die grosse Neigung, welche die salpetersaure Kalkerde besitzt, Feuchtigkeit anzuziehen, verursacht, dass ein solcher Schiefer beständig feucht ist. Ein sicheres Kennzeichen eines reichen Kalkgehaltes ist, wenn der Schiefer mit Salzsäure stark aufbraust.

Zuweilen enthält der Dachschiefer eine so reichliche Menge Kohlenstoff und bituminöse Bestandtheile, dass er dadurch ebenfalls zu einer chemischen Verwitterung geneigt wird. Ein mit Kohlenstoff, oder Erdharz, überladener Dachziegel gewährt dem Dache keinen hinreichenden Schutz gegen Feuer. Er ist überdies noch vermögend, das Feuer fortzupflanzen, im Fall er im glühenden Zustande vom Winde hinweg geführt würde. Ein solcher Schiefer zeigt Zeichen der Verbrennbarkeit, wenn er geglüht wird.

Die dunkel rauchgrauen und bläulich grauen Schiefer sind in der Regel ein besseres Deckmaterial, als die schwarz, gelb und roth gefleckten. Die rothen oder gelb und roth gefleckten sind gewöhnlich reich an Eisenoxyd.

Die sehr schwarzen viel kohlenstoffhaltigen werden bald mit Moos bedeckt und man sieht sie durchwühlt von Flechtenfasern.

Der Thonschiefer gehört zu den Steinen, welche man nie frisch, so wie sie aus dem Bruche kommen, anwenden darf, sondern erst nachdem er ein Jahr der Witterung ausgesetzt gewesen ist, um dadurch seine Dauer zu prüfen.

Ein Kubikfuss Dachschiefer wiegt ungefähr 230 Pfund.

Glimmerschiefer,

oder Gestellstein. Er bestehet vorzüglich aus Quarz und mit vorwaltenden Glimmertheilchen in einem schiefrigen Gefüge. Er hat gemeiniglich eine röthlich graue Farbe, zuweilen grauschwarz. Das sehr deutlich blätterige Gefüge dieses Steines macht ein charakteristisches Kennzeichen desselben aus. Zuweilen enthält er zufällig andere Gemengtheile, z. B. Hornblendschiefer, Granaten und Quarz.

Wenn der Glimmer beträchtlich vorwaltet, so ist er vorzüglich dünn und geradspaltig. Bei'm Zerschlagen des Glimmerschiefers zeigen sich auf der Bruchfläche in der Regel nur Glimmerschuppen. Zuweilen sind die Glimmerlagen höchst dünn und nur einem silberglänzenden Ueberzuge ähnlich. Einige röthlich braune Glimmerschiefer-Arten enthalten hin und wieder eine dunkelbraune zerreibliche Substanz in zarten Lagen, zuweilen auch nur in Flecken vertheilt; welches ein Gemenge aus Glimmer und Eisenoxyd ist. Er kommt in Urgebirgen vor. Der Glimmerschiefer spielt in den Hauptgebirgsketten von Europa eine bedeutende Rolle. Viele Gebirge in Schlesien enthalten sehr ausgedehnte Lager von Glimmerschiefer. Er bekleidet den ganzen südlichen Theil des Riesengebirges. Die Sudeten, eine Höhe von ungefähr 5000 Fuss, bestehen fast gänzlich aus Glimmerschiefer. In den Salzburger Alpen macht er die Hauptgebirgsart des Aulauf-Thales aus; die Tauern bestehen aus Glimmerschiefer. Er bildet in den Tiroler Alpen die südliche und nördliche Seite der Zentralkette. In Ungarn kommt er in vielen Gegenden gleichzeitig in mächtigen Lagern mit Thonschiefer vor. Er ist häufig in der Mittelkette der Schweizer Alpen. Ein bedeutender Theil des sächsischen Bergbaues wird auf Lagen von Glimmerschiefer betrieben. In Skandinavien und auch in Schottland und in Irland ist er ebenfalls häufig.

Gebrauch. Er dient, wenn er sehr feinschiefrig und in regelmässigen Tafeln sich spalten lässt, wie Thonschiefer zum Dachdecken. Er ist sehr dauerhaft in der Witterung, und die Tafeln springen wegen ihrer Biegsamkeit beim Bohren nicht so leicht wie die des gewöhnlichen Thonschiefers. Die Anwendung desselben als Deckmaterial findet man häufig in der Gegend von Ruhle im Thüringer Walde. Dergleichen Dächer strahlen von fern wie Silber.

Auch bedient man sich desselben zum Aussetzen der Schmelzöfen, auch als Plattenstein, zum Belegen der Fussböden, und der Plinte der Mauern.

Man findet Tafeln davon in Kirchen und Klöstern eingemauert. So z. B. in dem Altare der unterirdischen Kirche des Naumburger Domes, in der Kapelle zu Glaucha bei Halle, und in der alten Kirche des Petersberges. Wahrscheinlich hat man, in den Zeiten des Aberglaubens, dieser Steinart wunderthätige Eigenschaften zugeschrieben.

Porphyrschiefer

nennt man eine gemengte Gebirgsart, deren Hauptmasse Klingstein ist. Die Gemengtheile desselben sind gemeiniglich basaltische Hornblende, Feldspath, zuweilen auch Quarz und Magnetkies, die mit Klingstein zu einer porphyrartigen Masse verbunden sind. Er hat ein feines Korn, und starkblättrig schiefriges Gefüge; einige Abarten lassen sich in ziemlich regelmässige und dünne Tafeln spalten. Er hat eine grünlich-gelbe oder dunkelgraue, zuweilen auch eine braune oder grau-schwarze Farbe. Der dünnspaltige geht in Thonschiefer über.

Der Porphyrschiefer ist sehr fest und hart. Dünne Stücke geben, bei'm Anschlagen, einen ziemlich hellen Klang. Er bildet gewöhnlich mächtige Lager; und kommt häufig vor im Mittelgebirge Böhmens, in der Oberlausitz, besonders bei Olbersdorf, in Oberungarn, Siebenbürgen, im Rhonegebirge, in Hohentirol, im Högau, bei Hilberg im Koburgischen, in Schweden, Frankreich etc.

Vorzeigen einiger Platten dieser Steinart im Vortrage.

Gebrauch. In mehren Orten in Schweden, in Piemont und auf der Insel Arran in Schottland, wo er in dünnspaltigen Platten bricht, wird er als Deckmaterial, in der Landbaukunst, gebraucht. In Kilfenora, in Irland, sind viele Häuser damit gedeckt. Er gibt ein dauerhaftes und warmes Dach. Die dickeren Platten benutzt man als Pflastersteine, zu Stegen, zu Treppenstufen und als Decksteine, weil sie keiner besonderen Bearbeitung bedürfen.

Chloritschiefer.

Der Chloritschiefer kommt in Lagern vor. Seine Farbe ist dunkelgrün, auch schwarz — er hat einen schuppigen oder blättrigen Bruch; er kommt in Urgebirgen, oft abwechselnd mit Thonschiefer, vor; er ist weiter nichts als Chlorit von schiefrigem Gefüge. Er ist in den nördlichen Karpathen das herrschende Gestein. In Böhmen kommt er namentlich im Euler-Gebirge vor.

Vorzeigen einiger Tafeln Chloritschiefer im Vortrage.

G e b r a u c h. An einigen Orten als Deckmaterial, z. B. auf der Insel Jura an der Küste von Schottland. Er entspricht indessen diesem Zwecke nur unvollkommen, weil er von der Witterung beträchtlich angegriffen wird.

Hornblendschiefer.

Die Hauptmasse dieses Steines ist krystallinische Hornblende. Er hat eine rabenschwarze Farbe, auch dunkelgraue und lauchgrüne, ist in der Regel sehr deutlich geschichtet, und kommt häufig in Gebirgsmassen, theils auch in Geschieben, vor. Seine Oberfläche ist ziemlich glatt und glänzend. Er hat ein faseriges und strahliges Gefüge, und seine Massentheile sind dünne Blättchen. Angefeuchtet verbreitet er einen Thongeruch. Einige Abarten lassen sich, wenn sie allmählich erhitzt werden, in ziemlich dünne Tafeln spalten.

Er kommt in vielen Ländern, vorzüglich in der Schweiz, Tirol, Schweden, Norwegen, im Erzgebirge, an mehreren Orten der Freiberger Gegend, auch bei Miltitz unfern Meissen — in Schlesien, vorzüglich zwischen Oppau und Rudolstadt — in Böhmen, in der Gegend von Kuttenberg, und in Grönland vor.

Vorzeigen einiger zugerichteter Platten dieser Steinart bei'm Vortrage.

Gebrauch. Als Bedachungsmaterial. Die Platten werden regelmässig behauen, die Fugen werden in Kalkmörtel gelegt, und mit Bandeisen zusammen geklammert. Er widerstehet der Witterung recht gut, und giebt ein dichtes und warmes Dach. Man benutzt ihn auch als Mauerstein.

Wetzschiefer.

Die Farbe dieses Steines ist grünlich grau, oder gelbgrau, zuweilen bläulich. Inwendig ist er schwachschimmernd, beinahe matt; sein Bruch ist im Grossen geradschiefrig, im Kleinen splitterig. Er kommt gemeiniglich lagerweise vor, zuweilen bildet er auch Stockwerke. Häufig findet man ihn zwischen dem gewöhnlichen Dachschiefer, in welchen er auch oft übergeht. Die gröberen Arten können als eine blosse Spielart des Thonschiefers betrachtet werden. In chemischer Hinsicht zeichnet er sich aber dadurch vom Dachschiefer aus, dass er eine beträchtlichere Menge Kieselerde und Kalkerde enthält.

Man findet Wetzschiefer häufig, unter andern bei dem Städtchen Sonnenberg im Sachsen-Meinungischen, bei Seifersdorf unweit Freiberg, bei Probstzelle und Lichtentanne im Saalfeldischen, auch im Baireuthischen, am Harze, in Siberien und in der Levante.

G e b r a u c h. In der Levante, wo er in dünnen Fliesen oder Platten ziemlich häufig vorkommt, bedient man sich desselben zum Eindecken der flachen Dächer. Er widersteht, als Deckmaterial benutzt, der Witterung eben so lange, als der gewöhnliche Dachschiefer, und ist für diesen Gebrauch in jeder Rücksicht eben so tauglich. Auch spaltet man ihn in der Levante, so wie er aus dem Bruche kommt, in ziemlich dünne Platten, welche eine ausserordentliche Festigkeit besitzen.

Vorzeigung derselben im Vortrage.

Eine feine Sorte Wetzschiefer schneidet man in Marseille, wie Marmor, in Tafeln; diese werden gewöhnlich mit Oel getränkt, führen dann den Namen Oelsteine, und werden als Wetzsteine zum Schärfen und Poliren feinerer schneidender Instrumente benutzt.

Man benutzt ihn auch zum Aussetzen der Schmelzöfen.

Steine, welche zum Kalkbrennen tauglich sind.

Allgemeine Unterscheidungs-Kennzeichen der Kalksteine.

Vorzeigung dieser Steinarten bei'm Vortrage.

Kalksteine nennt man diejenigen Steinarten, welche durch's Brennen in Kalk verwandelt werden können.

Einige Gattungen Kalksteine bestehen fast gänzlich aus Kalkerde, mit Kohlensäure und Wasser verbunden. Zu diesen Gattungen gehören vorzüglich die reineren, farbenlosen Marmorarten, der cararische und parische Marmor, der Kalkspath und einige Arten Kreide etc.

Die gewöhnlich vorkommenden Kalksteine, welche zum Kalkbrennen angewandt werden, enthalten, nebst der kohlensauren Kalkerde, fast immer sehr verschiedene Mengen Kieselerde, Thonerde, auch wohl Talkerde, und zuweilen auch Gyps, mit kleinen Beimischungen von Eisen- und Maugan-Oxydul. Diese sind eigentlich Bi- oder Tri-Silicata der Kalk- und Thonerde, die oft mit anderen Erden mechanisch vermengt sind.

Keine Steinart wird so häufig im Mineralreiche angetroffen, als die Kalkstein-Gattung. Es gibt ganze Gebirge, und mehrere Meilen weit ausgedehnte Strecken, die gänzlich aus Kalkstein bestehen, und man findet vielleicht keinen Theil unserer Erde, wo man nicht diese Steingattung anträfe. Sie kommt in Ur-, Uebergangs-, und Flötzgebirgen vor.

Der Kalkstein der Flötzgebirge zeichnet sich durch die Menge eingeschlossener Versteinerungen, besonders von Seegeschöpfen, aus, welche nie, oder höchst selten, im Kalksteine der Urgebirge gefunden werden. Einige Kalksteinarten sind jedoch oft beinahe ganz frei davon. Die Urbilder dieser Versteinerungen sind theils nicht mehr vorhanden in der Reihe lebender Wesen, und zeigen sich, wenn genau untersucht, gänzlich verschieden von den gegenwärtigen Geschöpfen, theils findet man, wenn auch nicht Uebereinstimmung, doch Annäherung zu manchen noch vorkommenden Gestalten.

Man

Man erkennt die Kalksteine leicht daran, dass sie mit Säuren aufbrausen, und die Auflösung, wenn man sie mit 30 bis 40 Theile destillirten Wasser dem Rauminhalte nach verdünnt, keine Trübung erleidet, wenn man in dieselbe eine Auflösung von schwefelsaurem Natrum tröpfelt.

Beweis durch Versuche im Vortrage.

Durch Brennen werden sie in Kalk verwandelt, indem sie ihre Kohlensäure verlieren. Die Kalksteinarten der Flötzgebirge erfordern eine weniger erhöhte Glühhitze, als die Kalksteine der Urgebirge, um in Kalk verwandelt zu werden.

Will man die Menge Kohlensäure bestimmen, so verfährt man auf folgende Weise.

Man giesse ungefähr drei- bis viermal so viel Salzsäure, oder Salpetersäure, wie von dem zu prüfenden Kalksteine, in ein hohes Cylinder-Glas, stelle dieses auf eine Wageschale, und bringe es in's Gleichwicht.

Hierauf pülvere man den zu prüfenden Kalkstein gröblich, schütte diesen nach und nach in die Säure, und halte damit an, bis kein Aufbrausen mehr erfolgt, und sehe wohl darauf, dass, während des Aufbrausens, kein Theil der Flüssigkeit aus dem Glase heraus spritze. Nachdem die ausgewogene Menge Kalkstein in die Säure eingetragen worden, und kein Aufbrausen weiter erfolgt, lege man auf die entgegengesetzte Wageschale so viel Gewicht, als erforderlich ist, um das Gleichgewicht wieder herzustellen. Der Unterschied im Gewichte, zwischen der Menge des in die Säure eingetragenen Kalksteines, und dem Gewichte, welches zugelegt werden musste, um das Gleichgewicht wieder herzustellen, wird das Gewicht der entwichenen Kohlensäure anzeigen.

Erklärende Versuche und fernere experimentelle Prüfung einiger Kalksteinarten bei'm Vortrage.

Wenn man zu diesem Versuche die käufliche, concentrirte, rauchende Salzsäure anwendet, so ist es rathsam, sie mit dem gleichen Gewichte Wasser zu verdünnen. Die Salpetersäure ist stark genug, wenn ihr specifisches Gewicht etwa 115 ist, das des Wassers gleich 100 gesetzt.

Oder man kann auch die Menge Kohlensäure dadurch erforschen, dass man den Kalkstein einer starken Glühhitze in einem Destillirapparate aussetzt, und die Kohlensäure über Quecksilber auffängt.

Urkalkstein.

Marmor.

Körnigblättriger Kalkstein, Architektur- oder Bildhauer-Marmor. Unter den körnigblättrigen Kalkstein zeichnen sich die Marmorarten vorzüglich aus. Diese bilden zuweilen Stückgebirge, oder Ablagerungen, in Ur- oder Uebergangs-Gebirgsarten. In ihrer chemischen Beschaffenheit, kommen sie mit den gewöhnlichen reineren Kalksteinarten überein.

Sie unterscheiden sich aber vom gemeinen Kalkstein durch ihre grössere Härte und Feinheit des Kornes, welche sie zur Politur geschickt macht, und durch schönere und lebhaftere Farben. Der Bruch des Marmors ist feinblättrig, körnig.

Sowohl in Ansehung des Gefüges, als der unzähligen Abwechselungen der Farben, ist diese Kalkstein-Gattung ausserordentlich mannigfaltig. Der Marmor ist entweder farbenlos, oder er ist einfarbig, vorzüglich rein weiss oder weniger rein, in's Gelbe fallend, auch röthlich und bläulich weiss. Man hat auch schwarzen, gelben, grünen und blauen Marmor.

Oder er ist bunt, nämlich gefleckt, geädert, durchschossen, so dass eine oder verschiedene farbige Flecke, Streifen, Bänder oder Adern wechselnd sich in einander verlieren. Er ist durchscheinend an den Kanten. Die Bruchfläche besteht aus mehr oder weniger sehr feinen Blättern, und diese sind es, welche durch ihre verschiedene Grösse und Richtung gegen einander das Glänzende oder Schimmernde hervorlocken, wodurch er sich vorzüglich auszeichnet. In einigen Abarten findet sich dies Gefüge aus so grossen Blättern zusammengesetzt, die zugleich in einem so hohen Grade durchscheinend sind, dass das Ganze das Ansehen einer feinen krystallisirten, reinen Salzmasse erhält, weshalb auch diese Abart mit dem Namen salinischer Marmor belegt worden ist.

Die 12 in einer Querlinie stehenden Brustbilder im Schlosse Sanssouci zu Potsdam, nämlich: Julia, Septimius Severus, Antinous, Tiberius, ein Unbekannter, Jupiter, Diana, Lucius Verus, Faustina, ein Unbekannter, Julia Mammäa, Caracalla, sind aus saliniachem Marmor verfertigt.

An der Luft wird der blendend weisse Architektur-Marmor nach und nach gelblich. Alle antiken Kunstsachen von körnigem Marmor sind unrein, gelb, und die aus der Erde gegrabenen stets mit einer Rinde bekleidet. An der freien Luft verwittert jede Marmorart etwas in den nördlichen Gegenden.

Hinweisung auf Gegenstände hier in Berlin, als Beläge dieser Thatsache.

Der schönste weisse Marmor kommt von Carrara in Ober-Italien. Er wird hauptsächlich, nach seiner Güte, in drei Klassen eingetheilt, wonach die Preise sich richten.

Die öffentlich aufgestellten marmornen Standbilder berühmter Männer hier in Berlin sind sämmtlich von carrarischem Marmor. Sehr viel vortreffliche Kunstwerke aus diesem Marmor findet man unter den öffentlich ausgestellten Kunstwerken im Garten des königl. Schlosses Sanssouci zu Potsdam, unter andern folgende: Merkur, der sich einen Flügel an den linken Fuss bindet, der sitzende Apollo, Diana, den Fuss mit einem Schwamme abtrocknend, Jupiter, mit dem Pfau, Mars, einen Wurfspiess werfend, Minerva die einen Stein schleudert etc.

Der parische Marmor, von der Insel Paros im Archipelagus, nimmt unter den farbenlosen Marmorarten eine der vorzüglichsten Stellen ein. Er ist vollkommen rein, blendend schneeweiss, sehr feinkörnig, und gleichsam wie aus einzelnen Theilchen zu einer sehr feinkörnigen, gleichförmigen Masse zusammen geflossen.

Die erste Reihe kolossalischer Halbbüsten im Schlosse Sanssouci zu Potsdam, und die Halbbüsten im antiken Tempel, ein junger Faun mit zwei Ziegen, Bellona, so wie auch die Halbbüsten in der zweiten Reihe, Sabina, Augusta und Jupiter, sind von parischem Marmor verfertigt. Auch im Schlosse zu Charlottenburg befindet sich eine Menge Kunstsachen, aus dem schönsten parischen Marmor gearbeitet. Merkwürdig ist eine Urne, mit ihrem Deckel, welche in dem Begräbnisse der Livia, Gemahlin des Kaisers Augustus, gefunden wurde.

Wenn der parische Marmor eine beträchtliche Menge Glimmer-Blättchen eingemengt enthält, nennt man ihn in Italien Cipollino oder Zwiebelmarmor. Die Steinbrüche, welche diese Abart lieferten, woraus viele Kunstwerke des Alterthums angefertigt sind, scheinen auf Euboea, einer Insel an der Ostküste Griechenlands, betrieben worden zu seyn. Er ist sehr geneigt sich abzublättern, und schwierig zu bearbeiten.

Die Italiener pflegen einer jeden Spielart von Marmor mehrere Trivial-Namen zu geben, auch vieles zum Marmor zu rechnen, welches gar nicht einmal zum Kalkstein-Geschlechte gehört, sobald es nur eine gute Politur annimmt, und sich zur Bildhauerei und Steinmetzkunst gebrauchen lässt.

Körnige Marmorarten von geringerer Güte, kommen beinahe in allen Ländern vor, und fast jedes ältere Gebirge hat Massen desselben aufzuweisen. In Sachsen, Böhmen, im Baireuthischen, in Tirol, in der Schweiz, in Schweden, Norwegen, in Hannover und in Schlesien findet man Marmor. In den preussischen Staaten sind die schlesischen Marmorbrüche die ergiebigsten. Der Priborner Marmor ist meistentheils hellbläulich-grau.

Vorzeigung mehrer Quadern aus carrarischen —, pentelcsischem und andern Marmorarten, geschliffen und polirt.

Gebrauch. Die gemeinen unreinen Marmorarten werden an einigen Orten zum Kalkbrennen benutzt, z. B. in der Nachbarschaft der Stadt Hoff, auch benutzt man daselbst blaue Marmorarten, die in dortiger Gegend häufig sind, als Mauerstein zum Häuserbau. In der Umgebung von Rom verwendet man Marmor fast allgemein zum Kalkbrennen. Die einfarbigen, besonders die reinsten Gattungen, vorzüglich der Carrarische, sind ihrer Schönheit wegen das vorzüglichste Material der Bildhauerkunst. Die gefärbten, gefleckten und gestreiften Marmorarten gebraucht man vorzüglich zu Säulen, Gesimsen, Cornischen, Tischplatten, Fussböden und anderen Gegenständen der Pracht-Baukunst und Bildhauerkunst.

Die Wände der Marmorgallerie im Schlosse zu Potsdam sind von weissem, das Gesims und die Plinten von grauem, und die ionischen Pilaster von grünem schlesischen Marmor. So wohl die Treppe als die Wände derselben am Eingange in den Marmorsaal sind von blau-grauem schlesischen Marmor. Die vier Karyatiden, welche das Gesims tragen, sind ebenfalls von reinweissem schlesischen Marmor. Die Gewänder der 6 Brustbilder

Julius Caesar, August, Tiberius, Caligula, Claudius und Nero an der Seite des Schlosses Sanssouci sind aus rothem schlesischen Marmor verfertigt. Der blau-graue Marmor ist von Priborn, der rothe von Kaufungen, und der gelblich-weiſse von Gross-Kunzendorf.

Bei den meisten Völkern des Alterthums war der Marmor ein ziemlich gewöhnliches Baumaterial. Eine Menge von Ueberresten der ägyptischen, griechischen und römischen Kunstwerke bezeuget die häufige Anwendung desselben. Unter andern der Triumphbogen des Titus, des Septimius Severus und des Constantinus, der Tempel der Vesta, des Janus, die Ueberkleidung der Pyramide des C. Cestius, die Thürme der Porta Capena etc.

Die Trajanische Säule* in Rom besteht aus 34 Marmorblöcken, die ohne ein Verbindungsmittel über einander liegen. Das Postament ist 17 Fuss hoch, und die Säule selbst mit Base und Capital 92 Fuss. Das kuppelförmige Gebäude über dem Abacus ist 9 Fuss hoch.

* *Folkes on the Trajan and Antonine Pillars at Rome und Miscellaneous Tracts relat. to Antiq. Vol. I. P. XXVIII. p.* 117.

Der untere Durchmesser der Säule beträgt etwas über 11 Fuss, der obere 10 Fuss. Innerhalb derselben sind Stufen ausgehauen, auf denen man bis auf den Abacus hinaufsteigt, der mit einem Geländer umgeben ist. Um den Schaft der Säule winden sich Basreliefs, welche die Kriegszüge Trajans wider die Dacier vorstellen, in einer Schneckenlinie, die 23 Mahl um den Schaft herum geht, von der Base an bis zu dem Hals der Säule.

Vorzeigen einiger geschliffenen Quadern von schwarzem Marmor.

Der schwarze Marmor kam später als der weisse in Gebrauch. Eine Art wurde auf der Insel Lesbos gebrochen.

Von ganzen griechischen Figuren aus rein schwarzem Marmor befindet sich ein Apollo in der Gallerie des Pallastes Farnese *, und der sogenannte Gott Aventinus im Museo Capitolino, und auch zwei Centauren.

* Winkelmanns Geschichte der Kunst des Alterthums. S. 517.

Die Kamineinfassung und das Tischblatt im neuen Schlosse zu Sanssouci ist von ausserordentlich schönem antiken schwarzen Marmor, so wie auch das grosse Tischblatt und die Kaminbekleidung im Concertzimmer, und die Brustbilder zweier Mohrinnen.

Die Griechen bedienten sich sowohl in dem eigentlichen Griechenlande, als auch in Kleinasien und auf den griechischen Inseln, des Marmors zur Errichtung der Gebäude, welchen die nächstgelegenen Brüche ihnen darboten.

Die Athenienser errichteten ihre Tempel und Prachtgebäude vorzüglich aus pentelesischem Marmor. Er hatte eine rein-weisse Farbe, und war leicht zu bearbeiten.

Der Tempel des Jupiter zu Olympia * und der Tempel der Juno auf dem Vorgebirge Lacinium war mit pentelesischem Marmor gedeckt; die Marmorziegel des letzteren liess Fulvius nach Rom bringen, um damit den Tempel der Fortuna equestris zu decken. Dieser Tempelraub ward aber vom Senate nicht geduldet und Fulvius war gezwungen, die Marmorplatten wieder nach Lacinium zurück zu bringen.

* *Liv.* 42. 4. *Valer. Max. I. I.* 20. *Pausanias.* 5. 10.

Ueberreste von Marmorziegeln * sieht man noch unter den Ruinen des Serapis-Tempels zu Puzzuoli.

Der Apollotempel zu Phigalia in Arkadien war aus grauem mit röthlichen Adern durchzogenen Marmor erbaut, den man in der Nachbarschaft fand.

Es scheint dass Metellus, der Corinth eroberte, der erste war, welcher in Rom einen Tempel aus Marmor erbauen liess. Nach dieser Zeit wurde der Gebrauch des Marmors in Rom häufiger.

Da aber in Italien noch keine Marmorbrüche entdeckt waren, so holten die Römer den Marmor aus Griechenland, Asien und Afrika, wo man die kostbaren Tempel plünderte und ihrer Säulen, Gebälke u. s. w. beraubte, um sie nach Rom zu schleppen.

Bald nachher wandte man den Marmor als gewöhnlichen Mauerstein zur Aufführung der Prachtgebäude und Denkmäler an, die noch immer die Bewunderung der Nachkommen sind, und noch lange sich erhalten werden.

* Hirt, über die Baukunst der Alten. S. 212.

Beurtheilung der Güte des Bildhauer-Marmors.

Marmor, welcher für den Bildhauer bestimmt ist, muss eine gleichförmige Farbe haben, durchaus feinkörnig seyn, und sich gut schneiden und poliren lassen. Seine Fehler sind, wenn er rissig ist und zersplittert, wenn er gleichsam aus Fäden zusammen gesetzt zu seyn scheint, ein ungleiches Korn hat und daher keine gute Politur annimmt, wenn er bröcklig, und dergestalt weich ist, dass er auf keine Weise zum Verarbeiten taugt; wenn er löchrige Stellen hat, vorzüglich wenn er Stellen von eingesprengtem Schwefelkies hat, sogenannte Nägel. Hat er Manganoxyd oder Eisenkies-Körner eingesprengt, so oxydiren sich diese und verursachen Flecke, welches durch kein Mittel gehindert werden kann.

Gemeiner Kalkstein,

Mauer-Kalkstein,

Baukalkstein, Flötzkalkstein. Der gemeine, dichte Kalkstein hat in der Regel eine gelbliche, aschgraue, bläulicht-graue, zuweilen auch dunkelgraue Farbe, und bietet in dieser Hinsicht mannigfaltige Abänderungen dar. Er ist zuweilen gefleckt und geädert. Er findet sich in grossen Blöcken, Platten und in Geschieben und ist sehr weit auf der Erde verbreitet. Er nimmt nur eine matte Politur an, und enthält gemeiniglich Kieselerde, Thonerde, und etwas Eisen- oder Manganoxyd. Er braust mit Säuren stark auf. Man findet öfters Versteinerungen in sehr grosser Menge in ihm, und diese liegen oft so dicht an einander, dass man ganze Schichten lediglich daraus bestehend antrifft.

Diese Ueberreste der Vorwelt, welche in sehr abwechselnder Grösse vorkommen, sind gemeiniglich Versteinerungen von Schalthieren und Zoophyten; seltener kommen Fisch-Versteinerungen — das Gerippe oder die Gräthen darstellend — vor.

Die frisch aufgeschlagenen Stücke zeigen jederzeit eine Bruchfläche von mattem Ansehen. Der Bruch ist dicht, und am gewöhnlichsten splitterig, die Bruchstücke sind nicht sonderlich scharfkantig, etwas an den Kanten durchscheinend. Er ist oft mit Adern von Kalkspath durchzogen. Der Rüdersdorfer Kalkstein mit Versteinerungen ist in der Regel etwas porös. Die blaue Spielart ist schiefrig und zieht Feuchtigkeit aus der Luft an. Einige Arten der Uebergangs- und Flötz-Kalkstein-Gattungen sind so durchscheinend, dass man in den Steinbrüchen bei $\frac{1}{2}$ Zoll dicken Wänden noch Licht durchschimmern sieht, und diese Arten sind immer feinkörnig, und gemeiniglich auch politurfähig.

Die blaugefärbten Gattungen erhalten beim Behauen wenn sie bildhauermässig bearbeitet werden, eine angenehme Farbe.

Hierher gehört auch der florentiner Kalkstein mit ruinenförmigen Zeichnungen, oder der sogenannte Ruinenmarmor und der Muschelmarmor, oder Lumachella-Marmor.

Gebrauch. In Ansehung der Benutzung übertrifft der gemeine Kalkstein alle andere Steinarten.

Der dichte wird mehrentheils als Baustein verwendet. Man benutzt ihn sehr häufig zu Fundament-Mauern, die bearbeiteten zu Aufführung der äusseren Seiten der Plinten und freistehenden Mauern, zu Treppenstufen, zu Thür- und Fenster-Einfassungen. Die feineren Sorten eignen sich recht gut zu architektonischen Verzierungen. Ihr Gefüge erlaubt dem Steinmetz zarte Verzierungen darin ausarbeiten zu können.

Vorzeigen verschiedener Arten behauener Kalkstein-Quadern im Vortrage.

In der Wasser-Baukunst wendet man ihn häufig an zum Bau der Wehre, Schalungen, Brunnen, Schleusen-Kammern, zum Untermauern der Ufer, zum Bauen der Brücken. Er bleibt, wenn er beständig unter Wasser ist, unverändert und liefert tüchtige Werke.

Zum Hintermauern der Werksteine bei Futtermauern geben die Kalksteine, wegen ihrer zum Theil parallelen Flächen, einen bessern Verband als Feldsteine. Auch als gemeiner

Mauer-

Mauerstein für massives Mauerwerk und zum Ausfüllen der Fachwerks-Wände ist er als Bruchstein gut geeignet.

Als Chausseestein taugt er deshalb nicht, weil er sehr staubige Wege macht, und schwer beladenen Wagen nicht widersteht.

Auch als Pflasterstein zum Belegen der Fusswege ist er nicht sehr zu empfehlen, weil er, wenn er nass wird, ein sehr schlüpferiges Pflaster für Fussgänger macht, und auch keine grosse Dauer hat.

Zu Brandmauern und feuerfesten Bauanlagen kann er nicht gebraucht werden, weil Kalksteinmauern den Nachtheil haben, dass, wenn sie bei einem entstehenden Brande stark erhitzt werden, die Steine in Stücke zerfallen, und die Mauern also nicht wieder beibehalten werden können.

Auch taugt er nicht zu Fundamentmauern für Viehställe, Kloake und Abzugskanäle, weil durch die Einwirkung der Salze, welche in thierischen Auswürfen enthalten sind, sich darauf kohlensaures Natrum und andere Salzarten erzeugen. Es erfolgt ein Mauerfrass oder Salzbeschlag, der sich von der Grundmauer aus oft über das angrenzende Mauerwerk erstreckt. S. Seite 34.

Zu Pulo bei Molfetta in Apulien bricht Kalkstein, welcher die Gebirgsart des Pulo ausmacht, der nach einer Analyse von Klaproth salpetersaures Kali, salzsaures Kali und Gyps enthält.

Auf der Insel Ceylon gibt es Magnesia haltenden Kalkstein, der Glimmer, Feldspath und Quarz eingemengt hat; und in England ist ein Talkerde haltiger Kalkstein sehr gemein, vorzüglich in den Grafschaften Nottingham, York und Derby. Die sogenannten blauen und rothen schwedischen Fliesen, welche hier zuweilen zum Belegen der Hausfluren benutzt werden und gemeiniglich eingesprengten Schwefelkies und kleine Versteinerungen enthalten, sind nichts weiter als Kalkstein, der plattenförmig bricht.

Wenn der Kalkstein, nachdem er ein Jahr lang in freier Luft dem Wetter ausgesetzt gewesen ist, kein schieferiges Ansehen erhält, und wenn er mit einem Hammer geschlagen eine Art von hellem Klange gibt, so kann man sich auf seine Dauer als Baustein mit ziemlicher Gewissheit verlassen.

Kalksteine, welche mit Adern anderer Steinarten oder, welches beim rüdersdorfer Kalkstein häufig der Fall ist, mit Schwefelkies durchzogen sind, können nicht ohne Nachtheil an feuchten Orten gebraucht werden. Alle Kalksteinarten, deren Blöcke ein gefärbtes krummblättriges Gefüge haben, sind geneigt, vorzüglich an nassen Orten sich aufzublättern; zu Grundmauern und Sockelstücken sind sie nicht tauglich.

Vorzeigen dieser Arten Kalkstein im Vortrage.

Die porösen Kalksteinarten begünstigen, wenn sie der Witterung ausgesetzt und mit Kalk vermauert werden, die Entstehung des Salpeterfrasses.

Die rüdersdorfer Kalksteine haben bei weitem nicht die Festigkeit der rothenburger Sandsteine.

Uebrigens spricht für die Dauer einiger Kalksteinarten eine Menge noch erhaltener Werke der Baukunst des tiefsten Alterthumes.

Eine der Pyramiden in Aegypten (die bei Hilahoun) besteht aus Kalkstein-Blöcken, die einen Haufen ungebrannter Ziegelsteine zum Kerne haben. Diese ist nach Denon's Angabe vielleicht älter als die Pyramiden von Memphis, existirt aber noch immer.

Die Monumente von Casinum, Paestum, Syrakus, sind ebenfalls von Kalkstein erbaut.

Ein Kubikfuss Kalkstein wiegt im Durchschnitte frisch aus dem Bruche 165 bis 180 Pfund, trocken 150 bis 160 Pfund.

Stinkkalkstein.

Lucullan,

bituminöser Kalkstein, brabantischer Marmor. Die Farbe des bituminösen Kalksteines ist grauschwarz, auch braun und von verschiedenen Schattirungen. Geritzt gibt er einen grauweissen Strich, wird er gerieben oder klein gestossen, oder in Säuren aufgelöst, so stösst er einen Geruch nach Schwefel-Wasserstoffgas aus. Er kommt nur in Flötzgebirgen vor; oft bricht er in schönen glatten Platten und nimmt eine ziemlich gute Politur an. Er kommt bei Eisleben im Mannsfeldischen, bei Sangerhausen, Glücksbrunn und Ilmenau in Thüringen, bei Osterode am südlichen Theile des Harzes, in Brabant, Kurhessen, bei Hainrode im Stollbergischen, und fast in allen Ländern vor.

Gebrauch. Diejenigen Gattungen, welche ein feines gleichartiges Korn haben und der Politur fähig sind, und welche man brabantischen oder auch deutschen schwarzen Marmor nennt, werden zu Werken der Bildhauerkunst und schönen Baukunst benutzt. In den Niederlanden findet man in den Kirchen Altäre, Grabmäler, Kanzeln, Taufsteine, Gesimse, Gebälke, Säulen und andere Werke der Steinmetz- und Bildhauerkunst, aus dieser Kalksteinart verfertigt.

Die Stufen der Haupttreppe der St. Pauluskirche in London bestehen aus schwarzem brabantischen Marmor. Aus den grobkörnigen Gattungen verfertigt man Wasser- und Futtertröge, Freitreppen etc. Er gibt herrliche Quader und Werkstücke.

Vorzeigen einiger zu Quadern verarbeiteten Muster im Vortrage.

In den Niederlanden wird er häufig zu Fundament-Mauern gebraucht. Er hält sich recht gut im Wasser. Er bricht oft in mächtigen Blöcken, welche man mit beträchtlichem Vortheile wegen ihrer parallelen Flächen ohne weitere Bearbeitung zu den Mauern der Schälungs- und Schleusenwände, der Wehre, Brücken und Ufer-Einfassungen verwendet.

Die Büste des Hesiods in dem Zimmer der Philosophen auf dem Capitol in Rom ist aus bituminösem Kalkstein, der ein sehr feines Korn hat, verfertigt.

Bei Bottendorf, Frankenhausen in Thüringen, und an anderen Orten, wo er häufig bricht, wird er als Pflasterstein und zum Wegebau benutzt, wozu er aber nicht gut geeignet ist.

Zu Oefen und Feuermauern ist er wie alle Kalksteine untauglich, weil er bei einer geringen Hitze abblättert und zerspringt, und durch den Angriff des Feuers bei der Roth-Glühhitze zu Kalk brennt.

Auch gebraucht man ihn zuweilen zu Zapfenlagern, wozu er aber seiner Weichheit wegen nicht geeignet ist.

Er gibt einen festeren und mehr bindenden Kalk, als alle übrige gewöhnliche Kalksteinarten.

Die Mühlsteine der Pulvermühlen werden gemeiniglich aus dieser Kalksteinart gemacht.

Kalktuf,

Kalksinter,

Duckstein, sintriger Kalkstein. Hierher gehören viele Kalkstein-Massen, welche aus zusammen gesinterten kohlensauren Kalktheilchen sichtbar zusammen gesetzt sind. Poröse blasige und schwammige Arten finden sich oft als krustenartiger oder rindenartiger Ueberzug, und haben ein durchlöchertes Ansehen, das oft durch zerstörte Pflanzentheile verursacht wurde.

Diese Steinarten bilden sich vermöge der Crystallisation des sauren kohlensauren Kalkes, indem dieser die überschüssige Kohlensäure verliert.

Die äussere Oberfläche des Steines ist gemeiniglich rauh, die Gestalt röhrenförmig; die Farbe weiss, grauweiss und braun. Eine Abänderung davon gleicht einer Ueberrindung von zusammen gebackenem Moose, ist porös und durchlöchert.

Der Kalktuf kommt fast in allen Ländern, aber selten in Lagern von einer ziemlichen Mächtigkeit, vor, z. B. um Heidelberg, bei Würzburg, Langensalze, Rabschütz, bei Meissen, bei Königslutter, Braunschweig, in der Gegend von Göttingen, Pyrmont, Eilsen unfern Bückeburg im Schaumburg-Lippischen, in der Gegend um Weimar, und an vielen anderen Orten. Er muss nicht mit dem vulkanischen Tufstein verwechselt werden, welches eine ganz andere Steinart ist.

Gebrauch. Als Mauersteine sind diese der Kalkgattung angehörende Fossilien in der freien Luft wenig werth, weil sie keine hinlängliche Festigkeit besitzen, und das Wasser hartnäckig an sich halten. Sie werden durch den Frost leicht zerstört. Die eisenschüssigen oder gefärbten gemeiniglich ziemlich festen Abarten sind die unbeständigsten unter allen. Zu Mauern, die im Trocknen stehen und keine grosse Last zu tragen haben, sind diese Gattungen einigermaassen anwendbar, weil sie ein leichtes Material darbieten, und mit dem Mörtel eine schnelle und feste Verbindung eingehen; in abwechselnder Nässe und Trockenheit haben aber auch diese keine Dauer. Wegen ihrer Leichtigkeit bedient man sich der härteren Arten, wo sie häufig vorkommen, zur Construction flacher Gewölbe. Man findet aber auch sehr compacten Tufstein, der sich vorzüglich gut im Wasser hält und für diesen Zweck mit Vortheil benutzt wird, z. B. in Königslutter bei Braunschweig. Hirt * sah in Malta die Katacomben in weisslichen Kalktuf gehauen. Auch jetzt noch werden die Gebäude auf dieser Insel, allgemein in Quadern von einer harten Kalk-Tufart aufgeführt.

* Baukunst nach den Grundsätzen der Alten. S. 149.

Kalkstein-Märgel,

verhärteter Märgel, ist kohlensaurer Kalk mit Thon- oder auch mit Kieselerde oder mit beiden dieser Erden zugleich in sehr verschiedenen Gemengverhältnissen. Je nach dem der Kalk oder die Thonerde vorwaltet, unterscheidet man einen Kalk- und einen Thonmärgel. Der verhärtete Kalkmärgelstein hat einen unebenen Bruch, zuweilen hat er ein schiefriges Gefüge. Er enthält oft organische Ueberbleibsel, vorzüglich Conchylien. Er geht in Kalkstein über und ist ziemlich allgemein verbreitet über das hügelige Land.

Gebrauch. Einige Kalk-Märgelsteinarten lassen sich in Ermangelung eines besseren Materials als Baustein benutzen.

Vorzeigung derselben im Vortrage.

Sie müssen wenigstens ein Jahr die Witterung ausgehalten haben, ohne dass sie zerreissen.

Kein Märgelstein sollte als Mauerstein an feuchten Orten, sondern bloss innerhalb der

Gebäude, angewandt werden. Mauern, welche an feuchten Orten davon gebaut sind, werden in der Regel bei feuchter Witterung und vorzüglich bei dem Wechsel der Temperatur im Winter oder Frühjahre mit einer salzigen Feuchtigkeit überzogen. S. 32.

Man benutzt sie zum Kalkbrennen.

Kreide.

Die Kennzeichen der Kreide sind Jedermann bekannt. Der Name wird gewöhnlich von der Insel Creta abgeleitet. Einige Gattungen bestehen beinahe gänzlich aus kohlensaurer Kalkerde und Wasser mit einer sehr geringen Menge Thonerde. Andere enthalten einen beträchtlichen Antheil Kieselerde.

Man findet häufig Versteinerungen von Seethieren in Kreide, die in eine kieselartige Substanz übergegangen sind; zuweilen auch Schwefelkies in kugelförmigen Massen. Die Kreidenlager kommen häufig in den neueren Flötzgebirgen vor, bei Lüneburg, auf der Insel Rügen, Jütland, der östlichen Küste von Seeland etc.

In England, vorzüglich in York, Wiltshire und Sussex, befinden sich sehr mächtige Kreiden-Flötze. In Wiltshire erreicht die Kreide eine Höhe von 900 Fuss.

Gebrauch. Zum Kalkbrennen. Die Kreide wird zu dem Ende in Stücke zerschlagen von der Grösse einer Faust, und in besonders dazu erbauten Oefen zwischen sehr dünne Lagen von Steinkohlengruss geschichtet und gebrannt. Der aus der englischen Kreide gebrannte Kalk, welcher allgemein, nicht nur in London, sondern auch auf der ganzen Kreideküste, zur Mörtelbereitung verwendet wird, besitzt alle Eigenschaften des aus Marmor oder Kalkstein gebrannten Kalkes.

Auch zersägt man an einigen Orten in der Grafschaft Sussex und Kent die Kreide zu Quadern, welche man zum innern Ausbau der Landhäuser verwendet, und füttert nur die Ecken des Gebäudes und die Thüren- und Fenster-Einfassungen mit Mauersteinen aus.

Die Abtei von Hurby in Berkshire ist aus Kreide erbaut und noch so wohl erhalten, als wäre sie ein Werk des letzten Jahrhunderts. Die Abtei St. Omar ist aus demselben Material aufgeführt, und hat ihre gothischen Fenster noch in grosser Vollkommenheit aufzuweisen.

Rogenstein.

Hirsestein, oder Oolith, besteht aus sehr feinen abgesonderten Körnern, welche Aehnlichkeit mit dem Rogen der Fische haben. Die Körner sind gemeiniglich durch ein kalkartiges Cement zu einer Steinmasse verbunden. Sie haben die Grösse eines feinen Sandkornes, bis zu dem eines Mohnsamenkorns etc. Er hat gemeiniglich eine gelbliche, zuweilen auch eine graue Farbe. Er ist nichts weiter als eine Zusammensinterung kleiner Körner von thonhaltiger kohlensaurer Kalkerde. Er kommt in Flötzgebirgen vor, und bricht oft in plattenförmigen Tafeln von 2 bis 10 Zoll Stärke.

Er kommt im Allgemeinen nicht sehr häufig vor. Man findet ihn in der Gegend von Eisleben im Mannsfeldischen, bei Aschersleben und Weferlingen im Halberstädtischen, bei Bernburg und Nienburg im Anhaltischen, in der Gegend um Blankenburg und Wolfenbüttel im Braunschweigischen, in der Nachbarschaft von Alster im Weimarschen.

Gebrauch. Die feineren Arten werden oft polirt und wie Marmor benutzt. Wo er häufig vorkommt, gebraucht man ihn als Quaderstein. In Thüringen benutzt man ihn als Baustein.

Der sogenannte Peperino der Italiener ist nichts weiter als körniger Rogenstein. Von diesem Steine sieht man noch den Unterbau des Capitols, den Carcer Tullianus, die grosse Cloaca, Ueberreste von der Einfassung der Tiber, in der Gegend von Albano Grabmäler, und die Ueberreste von Säulen, welche zu Cicero's Zeiten* noch die Zierden in den Häusern der Grossen waren, aber bald nachher durch die Pracht des Marmors verdrängt wurden.

Dolomit

ist kalkhaltiger kohlensaurer Kalk. Er kommt von allen Abänderungen der weissen Farbe, zuweilen auch gelblich, röthlich, grau, von ver-

*) Quintil. 5. 13.

schiedenen Schattirungen, vor. Oft erscheinen mehrere Farben in demselben Gestein neben einander in Flecken und Streifen. Er hat einen perlmutterartigen Glanz. Er brauset mit Säuren nur sehr langsam auf, und ist ganz oder meist versteinerungsleer. Einige Sorten phosphoresciren und verbreiten ein röthliches Licht, wenn man den gepülverten Stein auf glühende Kohlen oder heisses Eisen streuet.

Er ist nicht sehr allgemein verbreitet; man findet ihn bei Bamberg, im Mannsfeldischen, bei Kresfeld in der Gegend von Hanau, im Thale Fassa in Tirol, auch im Lande ob der Ens im Oestreichischen; in der Grafschaft Derby in England kommt er häufig vor.

Gebrauch. An einigen Orten, z. B. in der Nachbarschaft von Plymouth in England, benutzt man ihn im gebrannten Zustande, als Kalkzuschlag für die Verfertigung des hydraulischen Cements. Der daraus gebrannte Kalk gibt mit wenigem Sande vermengt einen guten Wasser-Mörtel. Als Baustein hat er keinen Werth, weil er sehr rissig und zerklüftet ist.

Kalksteinschiefer.

Kalkschiefer, Faserkalk, ist nichts weiter als eine Abänderung des gemeinen schiefrigen Flötzkalksteines. Sein Gefüge ist beinahe so feinkörnig als Marmor, doch ist er viel zu weich, um eine Politur anzunehmen. Seine Farbe ist gemeiniglich grau, grünlich oder gelblich, auch schneeweiss.

Gebrauch. Er dient vorzüglich zu Steinplatten, die sich aber bald austreten. Er kommt nicht häufig vor.

Der lithographische oder Steindruck-Kalkstein ist eine Art Kalkschiefer. Seine Farbe ist gelblich, auch rauch-grau. Er enthält oft Versteinerungen. Er bricht abgetheilt in Schichten und Platten, mehr oder weniger regelmässig, und von verschiedener Mächtigkeit. Er kommt nicht sehr verbreitet vor; in der Gegend von Solenhofen und Pappenheim, ferner zwischen Donauwerth und Nördlingen, zumal um Mannheim etc.

Steine welche zum Gypsbrennen anwendbar sind.

Unterscheidungs-Kennzeichen der Gypssteine.

Vorzeigung dieser Steinarten bei'm Vortrag.

Diese sind Verbindungen der Schwefelsäure mit Kalkerde. Sie unterscheiden sich von den Kalksteinen dadurch, dass sie nicht mit Säuren aufbrausen. Glüht man Gypsstein, so verliert der Stein seinen Zusammenhang, indem sein Krystallwasser verflüchtigt wird, und der Stein in ein Pulver zerfällt (gebrannter Gyps) welches mit Wasser zu einem Brei angerührt, zu einer steinharten Masse erhärtet, indem das eingesogene Wasser, wieder im Zustande des Krystallwassers sich mit dem Gyps verbindet, und ein Hydrat bildet, zu gleicher Zeit findet eine geringe Temperatur-Erhöhung Statt.

Bei etwas stärkerer Hitze als zum Fortschaffen seines Krystallwassers erforderlich ist, backt er zusammen, und verliert damit die Fähigkeit mit Wasser eine harte Masse zu bilden. Er heisst dann todt gebrannter Gyps.

Gemeiner Gyps,

dichter Gyps, oder Gypsstein. Seine Farbe ist aschgrau, röthlich, gelbgrau, auch blau. Er enthält oft spathigen Gyps. Sein Bruch ist feinsplitterig. Vor dem Löthrohr schmilzt er leicht zu einer glasartigen Masse. Er bildet oft Felsen von mehr als 200 Fuss Höhe, häufiger aber nur Hügel und kleine durch nicht weit sich erstreckend, aber tiefe, Schluchten getrennte Anhöhen meist von unbedeutender Ausdehnung.

Der gemeine Gypsstein kommt fast in allen Ländern vor. Bei Wimmelburg im Mannsfeldischen, bei Wendelstein, am Harze, in Thüringen, im Hildesheimischen, Braunschweigischen, in der Schweiz, in Schlesien, im Lüneburgischen, auch in England, Frankreich und Italien findet man Gypslager.

Der in der hiesigen Gegend verkäufliche Gyps kommt von Sperrenberg im Amte Zossen;

er findet sich da in einer 60 bis 80 Fuss hohen Lage über dem am Berge stehenden See.

Gebrauch. Zum Gypsbrennen. Als Baustein in der freien Luft hat er keinen Werth; obgleich an einigen Orten ein kieselhaltiger Gyps als Baustein gebraucht wird. Zum Wasserbau ist er ganz untauglich.

Unter den Trümmern einiger alten Schlösser in Thüringen sieht man Gypssteine in den Mauern die aber beinahe ganz ausgewaschen sind, so dass der Mörtel, mit einem Theile des zersetzten Gypses durchdrungen, grosszellige Massen bildet.

Ein Kubikfuss sperrenberger Gyps wiegt 145 bis 149 Pfund.

Alabaster

oder Ur-Gypsstein. Seine gewöhnliche Farbe ist weiss, auch findet man ihn gelb gestreift. Er hat ein sehr feines Korn, ist mehrentheils etwas durchscheinend und zuweilen sehr durchsichtig. Zuweilen enthält er Thon- und Kalknieren. Im Alabaster findet man entweder keine Versteinerungen, oder jedoch äusserst selten. Er ist bei weitem nicht so hart als Marmor. So wie er aus der Erde genommen wird, ist er so weich, dass man ihn sehr leicht zersägen und schneiden kann; je länger er der Luft ausgesetzt ist, desto mehr verliert er an Wassergehalt, und erhärtet dadurch.

Er kommt nicht sehr häufig vor. Man findet Alabaster am Harze, im Lüneburgischen, in Tirol, im Mannsfeldischen etc.

Gebrauch. Seine schönweisse Farbe und sein feines Korn machen ihn für die Bildhauerkunst anwendbar; er lässt sich auf der Drehbank drechseln und poliren.

Schon die alten Aegypter verarbeiteten Alabaster zu Werken der Bildhauerkunst.

Es findet sich eine sitzende Isis mit dem Osiris auf ihrem Schosse, nebst einer anderen kleineren sitzenden Figur, in dem Museum des Collegii Romani.

Der Alabaster ist mehr zerreissbar und in den Richtungen seiner Krystallblättchen leichter zu verfolgen und auf diesem Wege zu zerklüften, als der Marmor oder körnige Kalkstein.

Aus demselben Grunde zerklüftet der Alabaster wenn er mit dem Meissel verarbeitet wird weiter und nach mehreren Richtungen, als es dem Bildhauer lieb ist, wenn ihm auch die geübteste leichteste Hand zu Gebote stehet.

Der italienische Alabaster von **Siena** hat in Hinsicht der reinen weissen Farbe und des feinen Korns vor allen deutschen Alabasterarten den Vorzug.

Vorzeigung desselben im Vortrage.

Die aus Alabaster verfertigten Werke versprechen keine lange Dauer, denn selbst von der feuchten Luft erleiden sie schon eine beträchtliche Veränderung. Kommen die gröberen Sorten Alabaster häufig vor, so benutzt man sie als gemeinen Mauerstein; indem man sie mit gebranntem Gyps vermauert, den man mit Sand, auch wohl mit Kalk versetzt. Auch wird er zum Gypsbrennen benutzt.

Blätteriger Gyps,

spathiger Gyps, Spiegelstein, Fraueneis. Diese Abart des Gypses ist der Alabaster der Alten. Er hat eine feine weisse Farbe, zuweilen ist er auch braun spiegelglänzend.

Seine Theile bilden weiche, etwas biegsame, durchsichtige Blätter, welche über einander liegen und sich leicht von einander spalten lassen. Auf glühende Kohlen gelegt verliert er wie alle andere Gypssteine sein Krystallwasser, wird undurchsichtig, mürbe und pülvericht.

Er kommt im Mannsfeldischen, am Harze, im Thüringischen, in der Lausitz, im Salzburgischen, in Oestreich, Ungarn und in vielen andern Ländern häufig vor.

Gebrauch. Wie der gemeine Gyps.

Anhydrit

ist ein weiss, grau, grünlich, blau und roth gefärbter wasserfreier Gyps. Man findet verschiedene Abarten davon. Er nimmt eine schöne Politur an.

Gebrauch. Der dichte Anhydrit, welcher der Politur fähig ist und sich gut bearbeiten lässt, wird seiner angenehmen Farbe wegen zu architektonischen Verzierungen verwendet. Er hat, wenn er polirt ist, ein sanftes seidenartiges Ansehen, hält sich aber nicht an der Luft.

Gypserde,
erdiger Gyps,

bestehet aus staubartigen Theilen, und ist so leicht, dass dieses Fossil kaum im Wasser untersinkt. Es fühlt sich trocken an. Wird es geglühet, so erhält es eine schneeweisse Farbe. In Thüringen und bei Basel in der Schweiz, findet man oft beträchtliche Nester und Lagen von Gypserde.

Gebrauch. Zum Gypsbrennen. Auch als Dünger zur Verbesserung des Ackerbodens.

Steine, welche als Mühlsteine benutzt werden.

Erforderliche Eigenschaften eines Mühlsteines für Getreidemühlen, und Unterschied in Ansehung der Zurichtung derselben im Allgemeinen.

Ein guter Mühlstein für Getreidemühlen muss vorzüglich hart und fest seyn und zwar in einem um so höheren Grade, je härter die Samenkörner sind, die vermittelst desselben gemahlen werden sollen damit er bei der so heftigen Umdrehung um seine Achse, nicht zerspringt, und das Mehl nicht mit erdigen Theilen verunreinigt werde, wie diess bei den weichen sich stark abnutzenden Steinarten der Fall ist.

Er muss viele scharfe Ecken haben, weil sonst das Schälen und Zerreiben des Getreides nicht gut von Statten geht.

Unter den Mühlsteinen ist in Ansehung ihrer Zurichtung und wie sie im Bruche bearbeitet werden ein grosser Unterschied. Man unterscheidet sie mit den Namen **Bankstücke** und **Querstücke**.

Ein **Bankstück** nennt man einen Stein der so wie er seine Lage im Bruche hat ausgehauen wurde, dergestalt, dass die krumme Seitenfläche des Cylinders lothrecht, die Grundfläche desselben aber wagerecht bleibt, so wie die Bänke im Steinbruche selbst wagerecht sich befinden.

Ein **Querstück** nennt man den so zugerichteten Mühlstein der erhalten wurde, wenn ein abgelös'ter Stein so bearbeitet wird, dass die behauene oder ebene Fläche desselben senkrecht, die im Steinbruche wagerecht gewesene Fläche durchschneidet.

Die **Querstücke** sind darum immer schärfer und zur Dauer vorzüglicher, weil das Gefüge des Steines in der Richtung nach der Höhe zu stehen kommt, da es hingegen bei den **Bankstücken** eine horizontale Richtung hat, und sich daher eher abnützt.

Eine eigene Verfahrungsart, Mühlsteine zu verfertigen, ist folgende. * Wenn man einen Steinblock gefunden, der für diesen Zweck die gehörige Grösse hat, so ertheilt man ihm durch Behauen die Gestalt eines Cylinders von mehreren Fuss Höhe. Jetzt kommt es darauf an wie man ihn in horizontale Stücke welche eben so viele Mühlsteine werden sollen, bringen könne. Um dieses zu bewerkstelligen, werden kreisförmige Einschnitte rings um denselben, und in einem bestimmten Abstande von einander, zu Folge der Dicke, die man den Mühlsteinen geben will eingehauen; sodann werden Keile aus im Ofen getrocknetem Weidenholze, vermittelst eines Hammers in die Einschnitte hinein getrieben; wenn die Keile bis zu einer gewissen Tiefe eingedrungen sind, werden sie feucht gemacht, oder im Freien der feuchten Nachtluft ausgesetzt, und am nächsten Morgen findet man die verschiedenen Stücke von einander getrennt. Das Spalten des Steines hat seinen Grund in der Wirkung der Anziehung, vermittelst welcher das

* Mairan, in Hutton's *Mathematical Recreat. Vol. V. p.* 46.

Wasser in die ungemein kleinen engen Haarröhrchen, mit denen das Holz angefüllt ist, zum Steigen gebracht wird. Nehmen wir an dass der Durchmesser eines solchen einzelnen Röhrchens nur den hundertsten Theil einer Linie beträgt; die Neigung der Flächen mache eine Sekunde aus, und die Kraft, mit welcher das Wasser in die Röhrchen zu dringen strebt sey gleich dem vierten Theile eines Granes; so wird diese wenn gleich so sehr geringe Kraft doch in der Länge eines Zolles mit einer Kraft von ungefähr 50,000 Gran, welches gegen $8\frac{3}{4}$ Pfund ausmacht, die biegsamen Flächen des Röhrchens zu trennen streben.

Setzen wir es seyen nur funfzig solcher Röhrchen da, so gibt dieses 2500 auf einen Quadratzoll; und die dadurch entstehende Wirkung wird gleich einer Kraft von 21,895 Pfunden. Da der dickere Theil eines Keiles von der oben erwähnten Art vier bis fünf Quadratzoll betragen mag, so wird die Kraft mit welcher er wirkt, ungefähr 90 bis 100,000 Pfund gleich kommen. Nehmen wir nun zehn solche Keile im Umfange des Cylinders, aus dem man

Mühlsteine machen will an, so üben sie insgesammt eine Kraft von 900,000 bis 1,000,000 Pfund aus: und es darf uns daher nicht befremden dass sie den Block in den Entfernungen in welchen sie eingetrieben sind, zu trennen im Stande sind.

Löcheriger Quarz,

zellulärer Quarz-Mühlstein. Unter dieser Benennung ist eine Steinart bekannt, welche aus einer zahllosen Menge nicht mit einander in Verbindung stehender unregelmässigen Blasenräume bestehet, die eine Art netzförmiges Gewebe bilden. Die Höhlungen bestehen gänzlich aus an einander gekitteten Bruchstücken von Quarzkrystallen, die mit einer Quarzmasse zusammen gekittet sind.

Der Stein ist hier und da mit rothem Eisenoxyd gefärbt und gibt lebhafte Funken mit Stahl, er ritzt Glas, und wird von Salzsäure nicht angegriffen. Die Farbe des löcherigen Quarzgases ist gemeiniglich weiss, etwas ins Röthliche sich neigend. Man findet aber auch bläulich gefärbten und braunen löcherigen Quarz;

diese Spielarten sind aber nicht so hart als der weisse löcherige Quarz.

Dieser Stein ist wahrscheinlich nichts anderes als das quarzige Ge.ippe einer Kieselkalk- oder Kiesel-Thon-Felsart die durch uns unbekannte Einwirkungen, seiner übrigen Gemengtheile beraubt wurde, und dieses zellige Quarz-Gerippe zurück gelassen hat. Er enthält öfters Drusen von Quarzkrystallen.

Man findet diesen Stein in eckigen Blöcken, die selten Lager über 10 bis 15 Fuss Mächtigkeit bilden. Er kommt nur in wenigen Ländern vor. Man findet ihn nur im Becken von Paris, und in einigen anderen Gegenden Frankreichs an dem Gipfel der Hügel, am nördlichen Ufer der Marne und Seine, auf dem Plateau des Waldes von Montmorency unweit des Dorfes Saint Prix, auch zwischen Meulan und Triel in der Gegend zwischen der Seine und Marne (*la Ferté sous Jouarre*). Er kommt in einem braun-rothen Thonlager vor. Der obere Theil des Lagers liefert nur kleinere Quarzstücke, die als Bausteine verwendet werden. Etwas tiefer liegen die beträchtlicheren zu Mühlsteinen tauglichen Blöcke; noch tiefer findet sich löcheriger Quarz von mehr abgesonderten Stücken und dichterem Gefüge, von diesem wird kein Gebrauch gemacht.

Gebrauch. Keine Steinart erfüllt die erforderlichen Eigenschaften eines Mühlsteines zum Mahlen des Getreides so vollkommen als diese. Da man bei dem Mahlen des Getreides beabsichtigt, nicht so wohl die Körner zu zerquetschen, als vielmehr sie zu schälen, und zu zerreiben, so wird dieses in einem vorzüglicheren Grade durch eine Steinart bewirkt, die porös ist, indem die scharfen Kanten der kleinen Poren sehr häufig dergleichen Unebenheiten besitzen, sie aber auch bei erfolgender Abnutzung behalten, indem immer wieder neue Zellen zum Vorschein kommen, mithin die Flächen durch das Mahlen nie glatt werden und eine Art Politur erhalten können. Nur dürfen auf der andern Seite die Höhlungen nicht zu schwach seyn, weil der Stein dadurch zu zerbrechlich wird.

Die grösseren Steine dieser Art werden durch Spalten in zwei oder mehrere Stücke zerlegt. Es geschieht vermittelst eiserner Keile, welche in die in den Stein eingehauenen Ritzen oder Rinnen eingesetzt und mit einem Hammer eingekeilt werden.

Mühlsteine von beträchtlicher Grösse werden selten von dieser Steinart aus Einem Stücke gemacht, obgleich die Blöcke oft stark genug sind. Sie werden vielmehr aus einem Mittelstücke und verschiedenen anderen Seitenstücken, die um dasselbe herum anschliessen, zusammen gesetzt. Beim Gebrauche kittet man sie mit einem Cement (s. Müllerkitt *) an einander und umschliesst sie mit eisernen Reifen. Durch diese Behandlung gewinnt man den Vortheil, dass man Steinstücke von einerlei Korn zusammen bringen kann. Die Ungleichheiten, welche auf der unteren Seite des Bodensteines, und auf der oberen Seite des Läufers entstehen indem diese Flächen unbehauen bleiben, werden durch Kitt und eingelegte Bruch- Feld- oder Backsteine ausgeglichen. In den Verhandlungen des Vereins zur Beförderung des Gewerbfleisses in Preussen 1825. S. 55. findet der Leser eine Darstellung von der Art der Zusammenfügung sol-

* S. Kitte welche bei'm Bauwesen gebraucht werden. Bd. 2.

cher Steine, und auch Bemerkungen über mehrere andere interessante zur Verbesserung der Getreide-Mühlen gehörende, Vorrichtungen.

Vorzeigung dieser Steinart im Vortrage.

Verschlackter Basalt, rheinischer Mühlstein.

Dieser ist ebenfalls eine blasige Steinmasse wovon es zahlreiche Abänderungen gibt, die in einander übergehen. Der rheinische Mühlstein hat eine blau-schwarze Farbe, auch findet man braunen und schwarzen verschlackten Basalt. Er ist klingend und gibt Feuer mit Stahl.

Die Blasenräume dieses Steines sind von sehr verschiedener Grösse und Form, theils rundlich, theils länglich, auch ganz unregelmässig, gleichsam zerrissen und von verschiedener Grösse, so dass der Stein ein schwammiges Ansehen hat. Sie sind oft in solcher Menge vorhanden, dass die schlackige Masse blos die dünnen, die Blasenräume trennenden, Scheidewände ausmacht. Er enthält zuweilen Bruchstücke von Basalt, auch wohl Quarz-Granaten und granitartigen Steinmassen.

Er

Er findet sich am Rhein, vorzüglich bei Nieder-Mendig einige Meilen von Andernach, wo ein ausgebreiteter Handel nicht nur in die umliegenden französischen und deutschen Provinzen, Holland und England, sondern selbst nach Amerika und Ostindien damit getrieben wird.

Er bildet mächtige Lager, die sich in einer Tiefe von ungefähr 50 Fuss unter einem sandigen und steinigen Geschiebe befinden, das theils aus verwittertem Granit, theils aus Bernstein, Thonschiefer, Quarz und Feldspath besteht. Aber unmittelbar über der Mühlstein-Lava liegt eine Schicht von einer sehr porösen Lava.

G e b r a u c h. Die aus dieser Steinart zugerichteten Mühlsteine sind ebenfalls sehr berühmt. Sie nutzen sich wegen ihrer beträchtlichen Härte nicht leicht ab, greifen mit den scharfen Kanten, die vermöge der im Steine befindlichen Höhlungen entstehen, die zu mahlenden Körner nachdrücklich an, und brauchen wenig geschärft zu werden, weil, so wie sich der Stein abnutzt, von selbst frische scharfe Kanten entstehen.

So wohl diese Art als auch die aus löcherigem Quarz verfertigten Mahlsteine werden in der hiesigen Dampf-Mahlmühle benutzt.

Die Gewinnung dieser Steinart und die Anfertigung der Mühlsteine aus selbiger ist nach Prof. Völkers Berichte folgende.

Um die Mühlsteinmasse zu gewinnen, teuft man durch die darüber liegende Schicht eine kegelförmige Grube, die gegen 50 Fuss tief, und oben ungefähr 24 bis 25 Fuss, unten aber 11 bis 12 Fuss breit ist. An der Seite einer solchen Grube befinden sich spiralförmig hinab gehende Fusssteige für die Arbeiter (doch hat man für letztere in vielen Brüchen auch besondere Stollen angelegt). In der Mitte derselben hingegen gehen starke Seile hinab, an welchen die Mühlsteine aus der Tiefe vermittelst eines oben befindlichen Göpels heraus gewunden werden. Ist man mit dieser Grube bis auf das Mühlstein-Lavalager hinab gekommen, so nimmt nun die eigentliche Arbeit auf dem Gesteine, wodurch die Mühlsteinblöcke gewonnen werden, ihren Anfang. Diese Arbeit wird durch die Beschaffenheit des Gesteinlagers selbst ausserordentlich erleichtert, dasselbe ist nämlich durch viele senkrechte Steinscheidungen in prismatische abgesonderte Stücke von verschiedener Dicke zertheilt. In diese Steinscheidungen werden Keile eingetrieben, oder Brecheisen angesetzt, und auf diese Art grosse Stücke von den Mühlsteinprismen losgebrochen.

Oft sind diese gewaltigen Blöcke so gross, dass man Mühlsteine von 4 bis 5 Fuss im Durchmesser daraus verfertigen kann. Bei dem Fortgange dieser Arbeit entstehen nun nach und nach in dem Mühlsteinlager grosse Weitungen, zu deren Unterstützung man hin und wieder mächtige Pfeiler stehen lässt.

Die gewonnenen Mühlsteinblöcke werden mit spitzen verstählten Steinhauen zu Mühlsteinen zugerichtet und dann an dem Seile zu Tage gefördert.

Zu Mühlsteinen nimmt man am liebsten solche Stücke, die viele mässig grosse und gleichförmig vertheilte Höhlungen haben.

Diese Lavasteinart wird auch als Baustein benutzt. Viele Häuser in Coblenz und Andernach, so wie auch in Nieder-Mendig, sind davon erbauet.

Kiesel-Sandstein-Mühlsteine.

Der Kiesel-Sandstein wird häufig als Mühlstein benutzt. Hier in Berlin bedient man sich mehrerer Arten mannsfelder, schlesischer und sächsischer Kiesel-Sandsteine als Mühlsteine für Getreide-Mühlen. (S. Seite 235 und 238).

Arten der Kiesel-Sandstein-Mühlsteine, ihre Durchmesser, Stärke, ihr Kubikinhalt und Gewicht.

Mühlsteine (mannsfeldische) für Windmühlen. Ein Sandstein-Mühlstein, der 54 Zoll im Durchmesser hat und 24 Zoll stark ist, enthält 31¾ Kubikfuss, und wiegt ungefähr 44 Centner.

Ein dessgleichen sogenannter Dreiling-Mühlstein, der 54 Zoll im Durchmesser hat und 18 Zoll stark ist, enthält $23\frac{3}{4}$ Kubikfuss uud wiegt ungefähr 30 Centner.

Ein Boden-Mühlstein, der 54 Zoll im Durchmesser hat und 12 Zoll stark ist, enthält $15\frac{2}{3}$ Kubikfuss und wiegt ungefähr 22 Centner.

Mühlsteine (lange mannsfeldische) für Wassermühlen. Ein mannsfelder langer Sandstein-Mühlstein, der 48 Zoll im Durchmesser hat und 24 Zoll stark ist, enthält 25 Kubikfuss und wiegt ungefähr 32 Centner.

Ein dessgleichen (sogenannter Dreiling) Mühlstein, der 48 Zoll im Durchmesser hat und 18 Zoll stark ist, enthält $18\frac{3}{4}$ Kubikfuss und wiegt ungefähr 22 Centner.

Ein dessgleichen 45 Zoll im Durchmesser haltender, 12 Zoll starker Mühlstein (Bodenstein) enthält $12\frac{1}{2}$ Kubikfuss und wiegt 16 Centner.

Mühlsteine (kurze mannsfeldische) für Wassermühlen. Ein mannsfelder Sandstein-Mühlstein, 42 Zoll im Durchmesser, 24

Zoll dick, enthält 19 Kubikfuss und wiegt 26 Centner.

Ein dessgleichen (Dreiling), 42 Zoll im Durchmesser, 18 Zoll dick, enthält 14½ Kubikfuss und wiegt 18 Centner.

Ein dessgleichen (Bodenstein), 42 Zoll im Durchmesser, 12 Zoll dick, enthält 9½ Kubikfuss und wiegt 13 Centner.

Mühlsteine (schlesische) für Windmühlen. Ein schlesischer Sandstein-Mühlstein, der 54 Zoll im Durchmesser hat und 24 Zoll dick ist, enthält 31⅜ Kubikfuss und wiegt 44 Centner.

Ein dessgleichen (Dreiling) von demselben Steine, 54 Zoll im Durchmesser, 18 Zoll stark, enthält 23¾ Kubikfuss und wiegt ungefähr 30 Centner.

Ein Bodenstein, 54 Zoll im Durchmesser, 12 Zoll stark, enthält 15⅔ Kubikfuss und wiegt ungefähr 22 Centner.

Mühlsteine (lange schlesische) für Wassermühlen. Ein schlesischer Sandstein-Mühlstein, der 48 Zoll im Durchmesser hat und 24 Zoll dick ist, enthält 25 Kubikfuss und wiegt an 32 Centner.

Ein dessgleichen (Dreiling), 48 Zoll im Durchmesser, 18 Zoll stark, enthält 18¾ Kubikfuss und wiegt 22 Centner.

Ein Bodenstein, 48 Zoll im Durchmesser, und 12 Zoll dick, enthält 12½ Kubikfuss und wiegt an 16 Centner.

Mühlsteine (kurze schlesische) für Wassermühlen. Ein schlesischer Sandstein-Mühlstein, 42 Zoll im Durchmesser, 24 Zoll dick, enthält 19 Kubikfuss und wiegt an 26 Centner.

Ein dessgleichen (Dreiling), 42 Zoll im Durchmesser und 18 Zoll stark, enthält 14½ Kubikfuss und wiegt an 18 Centner.

Ein Bodenstein, 42 Zoll im Durchmesser, 12 Zoll stark, enthält 9½ Kubikfuss und wiegt 13 Centner.

Zum Ausfüllen der Löcher in Mühlsteinen bedient man sich eines Kittes, aus Kalk und Käsematte angefertigt. S. Kitte. Bd. II.

Granit=Mühlstein.

Diese Steinart wird an mehreren Orten in Russland als Mühlstein benutzt, (Bd. II. S. 7) wozu er sich seiner grossen Härte wegen auch ziemlich gut eignet; vorzüglich wenn die eingemengten Quarzkörner krystallinisch und sehr vorwaltend sind.

Auch bedient man sich derselben zum Mahlen des gepochten Smalteglases und anderer glasartigen Körper. Für diesen Zweck ist der Granit um so mehr tauglich, je weniger Glimmertheile darin enthalten sind, * weil eine solche Steinart bei ihrer Abnutzung das Smalteglas nicht so leicht durch den Eisengehalt des Glimmers verunreinigt, als es bei glimmerreichen Steinen der Fall ist.

Quarzfels=Mühlstein.

Auch dieser harte Stein (Bd. II. S. 13) dient als Mühlstein, doch weniger für Getreide-Mühlen,

* Meyer über die Smalte-Fabrication. S. 185.

als für Blaufarben- und Glasurmühlen, wo es mehr auf das Zermalmen, als auf das Zerschneiden und Schälen eines Körpers ankommt. Er greift, wegen seiner grossen Härte, nicht nur die Farbengläser stark an, und nutzt sich auch wenig ab, mithin werden die Gläser dadurch nicht verunreinigt. Wenn er sich nach langem Gebrauche glatt geschliffen hat, so gibt man scharfkörniges, grobes Quarzpulver auf, wodurch er bald wieder die erforderliche rauhe Oberfläche erhält.

Er wird entweder durch unterirdischen Bergbau, oder durch Tagbau gewonnen; letzterer wird z. B. angewendet, wo er in mächtigen Massen zu Tage stehet, oder wo er in grossen Stücken als Gemengtheil eines grobkörnigen Granites (wie am Rabenstein und Stelzenberge in Baiern, wo die Stücke oft mehrere Fuss dick sind) vorkommt. Was die Art und Weise betrifft, wie diese Steinart, wenn sie in ganzen Gebirgsmassen oder in grossen Blöcken vorkommt, in Stücken losgearbeitet wird, so richtet sich dieses nach der Beschaffenheit ihrer Struktur. Befinden sich in der Masse, wie es sehr häufig der Fall ist, Steinscheidungen oder Ablösungen im Gestein und Risse, so kann die Trennung an solchen Stellen mit Keilen ziemlich leicht geschehen, indem man nach der Richtungslinie einer solchen Ablösung des Gesteins von Fuss zu Fuss einige Zoll tiefe Löcher in den Stein einhauet, hierauf in jedes Loch einen eisernen Keil einsetzt, und diese Keile insgesammt allmählich mit einem Fäustel einschlägt. Auf diese Weise kann man oft sehr ansehnliche und ziemlich regelmässige Stücke gewinnen.

Hornsteinfels-Mühlstein

kommt gewöhnlich in grossen Schichtungen vor. Seine Hauptfarbe ist graublau, auch rothbraun. Er ist sehr hart, schlägt Feuer mit Stahl und hat einen muschlichten Bruch. Auch kommt er in Kugelform vor. Er ist gemeiniglich nichts anders als ein höchst feinkörniger sehr quarzreicher Granit.

Man findet ihn häufig im sächsischen Erzgebirge, in Baiern, Sibirien, am Schlangenberge, in Schweden, bei Elfdalen, Saalberg und an mehreren anderen Orten.

Gebrauch. In den Fayance- und Steingut-Manufakturen in England bedient man sich des Hornfelses im Allgemeinen als Mühlstein zum Mahlen des zuvor geglüheten Feuersteines, Das Bett der Mühle ist ebenfalls aus Hornfels zusammen gesetzt. Auch verfertigt man in England Mühlsteine * für Kornmühlen aus einer porösen Hornsteinfelsart.

Wo er häufig vorkommt, gebraucht man ihn auch als Mauerstein, weil er sich weit leichter als mehrere andere kieselartige Steine in ziemlich regelmässige Formen zerschlagen lässt. Er ist aber zuweilen sehr zerklüftet. Oft enthält er andere Fossilien in Nestern und Adern, und diese sind gemeiniglich solche, die der Verwitterung fähig sind, wodurch seine Anwendung als Baustein im Freien sehr beschränkt wird.

* Aikin's *Dictionary of Chemistry and Mineralogie. Vol. I. p.* 555.

Die gefleckten und gestreiften Abarten sind der Verwitterung vorzüglich fähig.

Die Aegypter verarbeiteten den Hornstein zu verschiedenen kleineren Kunstwerken, wovon man in den Kunstkabinetten Italiens noch merkwürdige Ueberreste findet.

Breccien-Mühlsteine.

Breccien, Mandel- oder Puddingstein nennt man solche gemengte Gebirgsmassen überhaupt, die aus einer dichten, meisten Theils gleichförmigen Grundmasse bestehen, in welcher mehr oder weniger anderartige steinige Körper, von einer runden oder mandelförmigen Gestalt, von der Grösse einer Erbse bis zu der einer Wallnuss eingemengt sind, oder die Höhlungen von dieser Gestalt enthalten. Die bindende Masse ist gemeiniglich kieselartig. Die eingemengten Steinarten sind zuweilen Quarz, zuweilen Porphyr oder Jaspiss, Sandstein, Grünstein, auch wohl Kalkstein. Der Stein erhält oft seine Benennung nach der Beschaffenheit der Bruchstücke. So hat man Quarz- Porphyr- Jaspiss- oder Sandstein-Breccien. Breccien bilden theils ganze Gebirgsmassen, theils einzelne Lager, oder auch Kuppen.

Gebrauch. In der Schweiz wendet man einige Quarz-Breccien zu Mühlsteinen * an. In England, vorzüglich in der Grafschaft Hartford, wo diese Steinart ziemlich häufig ist, gebraucht man dieselbe zum Grundbau.

Diese Steinart wurde zu Werken der Bildhauerkunst von ägyptischen Künstlern bearbeitet. Winkelmann ** erwähnt einen Sturz einer Statue, welche einen sitzenden gefangenen König vorstellt, der nach Art barbarischer Völker bekleidet ist, es fehlen der Kopf und eine Hand. Auf beiden Seiten der Statue steht eine Säule und vor derselben eine grosse runde Schale ebenfalls aus einer Breccie. In der Kathedralkirche zu Kapua sieht man eine Badewanne aus Breccie, die jetzt anstatt des Taufsteins dient. Ferber bemerkt, dass man im

* Ferber's Briefe. S. 260.

** Geschichte der Kunst des Alterthums. S. 112.

Alterthume einige Breccien von so grossem Umfange gefunden habe, um Säulenschäfte daraus verfertigen zu können.

Basalt=Mühlstein

wird ebenfalls als Mühlstein benutzt. (S. Basalt Bd. II. S. 15.)

Marmorne Mühlsteine.

Die Mahlblöcke der Pulvermühlen in der Nachbarschaft von Berlin sind bituminöser Kalkstein oder schwarzer brabantischer Marmor. (S. Stink-Kalkstein, Lucullan. S. 324.)

Ende des ersten Bandes.

Register

des

ersten Bandes.

A.

J.

K.

Schnei-

T.

Berlin, gedruckt bei G. Hayn.

www.ingramcontent.com/pod-product-compliance
Lightning Source LLC
LaVergne TN
LVHW092154300926
849161LV00002B/274
* 9 7 8 3 1 1 1 2 1 8 2 0 5 *